高等学校电子信息类"十三五"规划教材
CDIO 工程教育计算机专业实战系列教材

软件测试技术实战

主　编　王铁军
副主编　陈海宁
参　编　邹茂扬　李晓莉

西安电子科技大学出版社

内 容 简 介

本书系统地介绍了软件测试的基本概念、测试技术及测试工具,并通过测试实例详细说明了软件测试流程和测试工具的使用。本书采用案例教学法编写,书中提供了软件测试实践案例及相关源代码,以帮助读者增强对软件测试相关知识的融会贯通,快速掌握软件测试技术。

本书结构规范、实例丰富,理论与实践相结合,深入浅出、通俗易懂。全书从软件测试概述和测试环境搭建入手,从代码覆盖测试、单元测试、黑盒测试、负载测试和移动终端测试五个方面讲解了软件测试的实践案例,以供读者全面了解软件测试的整个过程。

本书适合作为普通高等院校计算机相关专业软件测试课程的教材,也可作为软件测试培训班的教材,同时还可作为有志于从事软件测试工作的学生和刚就业人员的入门参考书。

图书在版编目(CIP)数据

软件测试技术实战 / 王铁军主编. —西安:西安电子科技大学出版社,2018.8

ISBN 978-7-5606-4959-7

Ⅰ. ① 软… Ⅱ. ① 王… Ⅲ. ① 软件—测试 Ⅳ. ① TP311.55

中国版本图书馆 CIP 数据核字(2018)第 145181 号

策划编辑　李惠萍

责任编辑　马 凡 阎 彬

出版发行　西安电子科技大学出版社(西安市太白南路 2 号)

电　　话　(029)88242885　88201467　　　邮　编　710071

网　　址　www.xduph.com　　　　　　　　电子邮箱　xdupfxb001@163.com

经　　销　新华书店

印刷单位　陕西利达印务有限责任公司

版　　次　2018 年 8 月第 1 版　　2018 年 8 月第 1 次印刷

开　　本　787 毫米×1092 毫米　1/16　　印 张　11.5

字　　数　244 千字

印　　数　1~3000 册

定　　价　27.00 元

ISBN 978-7-5606-4959-7/TP

XDUP 5261001-1

如有印装问题可调换

中国电子教育学会高教分会推荐
高等学校电子信息类"十三五"规划教材
CDIO工程教育计算机专业实战系列教材

编审专家委员会名单

主　　任　何　嘉

副 主 任　魏　维

编审人员（排名不分先后）

　　　　　方　睿　吴　锡　王铁军　邹茂扬　李莉丽

　　　　　廖德钦　鄢田云　黄　敏　杨　昊　陈海宁

　　　　　张　欢　徐　虹　李　庆　余贞侠　叶　斌

　　　　　卿　静　文　武　李晓莉

前言

软件测试是保障软件系统功能、性能、安全性等软件质量因素的重要手段。随着计算机系统和互联网的蓬勃发展，软件系统自身的复杂度在不断提升，同时用户和企业对缩短软件开发周期的需求也变得越来越迫切，这些因素都将导致软件测试工作变得更加困难。

本书以作者长期从事本科生软件测试课程教学的讲义为基础，由多位高校一线教师和软件测试公司项目负责人合作编写，旨在通过案例式教学方式，从软件测试概述和测试环境搭建入手，从代码覆盖测试、单元测试、黑盒测试、负载测试和移动终端测试五个方面向读者介绍常用的软件测试技术，以帮助读者快速掌握相关测试工具的使用方法和技巧。在阅读本书部分章节前，要求读者具备一定的Java语言编程基础知识。

本书具有如下特点：

- **以实践为基础**。本书在介绍理论知识的基础上，提供了丰富的实战案例、源代码和参考结果，方便读者在实践中学习。
- **覆盖面广**。本书覆盖了常用的各种软件测试技术和工具，对移动终端这个很少涉及的测试领域进行了举例说明，给出了移动App的测试方法。
- **启发式教学**。本书在每一章的最后都给出了一定量的思考题。从这些题目入手，读者可以对书中的知识点进行深入思考和总结提高。
- **通俗易懂**。本书在编写过程中，充分考虑到初级层次的读者水平，尽量以浅显易懂的语言描述了相对深奥的软件测试知识，语言通俗易懂，适合各层次学生和专业人士选用。

本书由王铁军担任主编，陈海宁担任副主编，参加本书编写的还有邹茂扬、李晓莉等。特别感谢西安电子科技大学出版社李惠萍对本书编写所提出的宝贵意见，使得本书得以不断改进和完善。

按照编写目标，编者进行了许多思考和努力，但由于编者水平有限，书中可能还有疏漏和不妥之处，恳请读者批评指正，以便我们不断改进。编者联系邮箱：tjw@cuit.edu.cn。

编　者
2018 年 4 月

目 录

第1章 软件测试概述 1
1.1 软件测试过程 1
1.2 被测目标系统 1
1.2.1 Web 系统简介 2
1.2.2 用户与 Web 系统的交互 2
1.2.3 Web 系统的演进 3
思考题 11

第2章 测试环境搭建 12
2.1 搭建实验环境的目的 12
2.2 实验环境的搭建过程 12
2.2.1 安装并配置 JDK 13
2.2.2 安装配置 Tomcat 应用服务器 17
2.2.3 安装配置 MySQL 数据库 20
2.2.4 安装 JForum 开源论坛系统 28
2.2.5 安装压力测试工具 LoadRunner 31
思考题 35

第3章 代码覆盖测试实例 36
3.1 代码覆盖测试的目标 36
3.2 CodeCover 工具简介 36
3.3 代码覆盖测试过程 39
3.3.1 测试准备 39
3.3.2 Standalone 模式 39
3.3.3 使用 Ant 模式运行程序 43
3.3.4 Eclipse 插件模式 48
思考题 65

第4章 单元测试实例 66
4.1 单元测试的目标 66

4.2 JUnit 简介 66
4.3 单元测试设计 67
4.4 单元测试过程 68
    4.4.1 创建 Eclipse 工程 68
    4.4.2 创建一个被测试类 WordDealUtil 70
    4.4.3 加入单元测试代码并测试 73
    4.4.4 分析单元测试结果并改进 76
    4.4.5 优化单元测试代码 78
思考题 81

第 5 章 黑盒测试实例 82

5.1 黑盒测试的目标 82
5.2 WebScarab 工具简介 82
5.3 WebScarab 测试设计及过程 83
    5.3.1 安装 WebScarab 软件 83
    5.3.2 运行 WebScarab 84
    5.3.3 IE 浏览器设置代理 85
    5.3.4 开启 WebScarab 的代理功能 87
    5.3.5 拦截用户注册的 POST 请求 87
    5.3.6 使用模糊器进行测试 92
5.4 Selenium 工具简介 97
5.5 Selenium 测试设计及过程 99
    5.5.1 Selenium IDE 99
    5.5.2 Selenium WebDriver 106
思考题 122

第 6 章 负载测试实例 123

6.1 负载测试的目标 123
6.2 LoadRunner 工具简介 124
    6.2.1 LoadRunner 的组件 124
    6.2.2 LoadRunner 与 QTP 的区别 125
    6.2.3 使用 LoadRunner 的测试流程 125
6.3 负载测试的设计 127
    6.3.1 事务 127
    6.3.2 集合点 128
    6.3.3 思考时间 129
6.4 对 JForum 论坛进行负载测试 130

	6.4.1 创建虚拟用户	130
	6.4.2 创建场景	146
	6.4.3 执行测试	152
	6.4.4 分析场景	153
思考题		156

第7章 移动终端测试 ... 157

7.1	移动终端测试的目标	157
	7.1.1 传统 App 测试的问题	157
	7.1.2 App 自动化测试的难点	158
7.2	TestBird 云手机自动化测试平台简介	158
	7.2.1 平台概述	158
	7.2.2 平台特点	159
	7.2.3 平台整体架构和实现原理	160
	7.2.4 平台功能	161
7.3	自动化测试平台应用	167
	7.3.1 应用模式	167
	7.3.2 运行环境	167
	7.3.3 硬件组网	168
7.4	自动回归测试实例	168
思考题		172

参考文献 ... 173

第 1 章 软件测试概述

1.1 软件测试过程

通常,我们可以将被测目标系统看做一个函数:

$$Y = f(X)$$

给定一个已知输入 X,就有一个预期输出 Y,即在测试执行前,根据需求就已经预测到输出结果。每一项需求至少需要两个测试用例:一个正检验,一个负检验。正检验是给定正确的输入 X,测试用例会调用被测试目标系统,得到一个实际的输出 Y',最后通过判断确定程序得到的 Y' 与预期输出的 Y 是否相同。负检验是给定错误的输入 X',检验被测目标系统是否会输出相应的结果。图 1-1 描述了这样的测试过程。

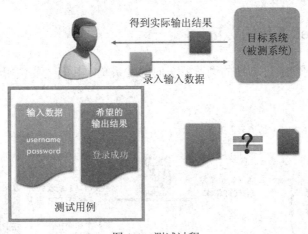

图 1-1 测试过程

1.2 被测目标系统

常见的被测目标系统可以是 Web 系统、应用程序、单机应用、多机应用、游戏及移动应用。针对不同的被测目标系统,可能需要使用不同的测试方法和测试工具对其进行有针对性的测试。

本书将涉及单机应用、Web 系统和移动 App 这三类被测目标系统。其中应用最为广泛的是 Web 系统的测试,因此本书也会安排主要篇幅来讲解 Web 系统的测试。

1.2.1 Web 系统简介

Web 系统也叫 Web 应用程序(Web Application),是一种可以通过 Web 方式访问的应用程序。如图 1-2 所示,相比较基于 C/S 架构的应用程序,基于 B/S 架构的 Web 系统的最大优势是,用户不需要在本地安装客户端,只需要有浏览器即可通过互联网访问被测目标系统(即网站系统)。

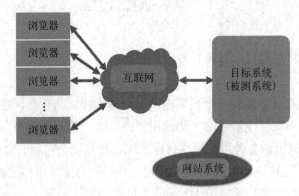

图 1-2 Web 系统的访问模式

1.2.2 用户与 Web 系统的交互

通常情况下,用户通过本地的浏览器访问网站系统,其间主要使用的是 HTTP 协议,如图 1-3 所示。

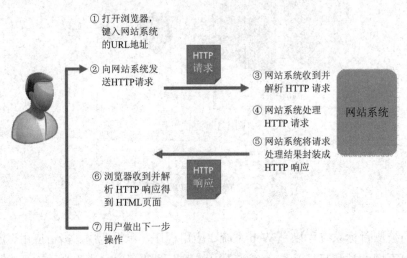

图 1-3 用户使用 HTTP 协议访问网站系统

首先，用户需要打开浏览器，并在浏览器地址栏中输入远端网站系统的 URL 地址。浏览器解析用户输入的 URL 地址，并向网站系统发送 HTTP 请求。网站系统收到用户发送的 HTTP 请求之后，会对收到的 HTTP 请求进行解析，解析后会将其传递给适当的进程进行处理(如从数据库中查找符合条件的数据)。多数情况下，网站系统负责处理用户请求的进程会将处理完的结果以 HTML 形式进行封装(如在浏览器中看到的表格)，并将其封装在 HTTP 响应报文中，通过互联网发送给浏览器。浏览器在收到 HTTP 响应之后，对获取到的 HTML 页面进行解析，并显示给用户。最后，用户在浏览器中即可看到请求得到的结果，并可以进行下一次请求。

上面是用户通过网络与 Web 系统进行交互的典型过程。大多数情况下，Web 服务将同时接收到来自多个用户的多个请求，因此，Web 服务器需要通过一些技术来区分收到的多个请求中，哪些请求来自同一个用户。这些在不同时间按顺序到达 Web 服务器的、来自同一个用户的多个请求，就构成了一个会话(Session)。当有多个用户同时访问 Web 服务时，Web 服务就需要维护与多个用户的会话，进而保证用户与 Web 服务间通信的连贯性与安全性。

1.2.3　Web 系统的演进

在 Web 系统出现之前，多数系统都是基于 C/S(客户端/服务器)架构的模式运行的。并且，由于业务规模不大，基本以单机形式加以部署，即仅由一台服务器提供所有服务。正是由于这样的历史原因，导致最初的 Web 系统也是以单机形式提供服务的。随着系统用户数量的增加、业务自身更加复杂，以及伴随着接入网络速度的提升和用户体验需求的增强，Web 服务模式也经历了从单机到多机，再到集群方式的变迁，如图 1-4 所示。同时，随着 Web 系统服务器数量的增加，高性能、高可用、高伸缩等特性也显得越来越急迫和必需。

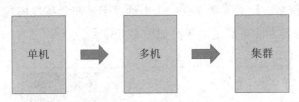

图 1-4　Web 服务发展的过程

因此，一个成熟的大型 Web 系统(如 Facebook、淘宝、腾讯、百度等)的系统架构的发展，也是伴随着系统用户量的增加、业务功能的扩展逐渐演变完善的，并且在这个过程中，系统的开发模式、技术架构及设计思想也发生了很大的变化，就连技术人员也从最初的几个人发展到一个部门甚至一条产品线。所以成熟的系统架构是随着业务的扩展而逐步完善的，并不是一蹴而就。不同业务特征的系统，会有各自的侧重点，例如，Facebook 最初侧重的是海量图片的存储和访问，后来逐步发展出消息传递、人脸识别、视频播放等业务需求；虽然淘宝也要处理海量商品的照片信息，但淘宝更需要处理海量商品信息的搜索、下单、支付等业务流程，这些是 Facebook 所不需要的；而腾讯主要解决数亿用户实时消息传输的问题;百度则要处理海量的搜索请求。由这些实例可以发现,不同的成熟 Web 系统都会因各自业务特性的不同,而进化成不同的系统架构。下面将介绍一个典型的大型 Web 系统的演化过程来帮助读者认识 Web 系统的演进。

1. 单机 Web 系统

正如 1.2.2 节所介绍的,一个 Web 系统要和用户进行交互,首先要能够解析用户发送过来的请求(通常请求以 HTTP 方式封装,当然也会有其他协议,如腾讯 QQ 用的是即时通信协议),其次要能够对请求进行响应(即处理该请求的业务处理程序),我们将实现此类功能的组件称为应用程序(Application),更准确地讲是 Web 应用程序。

最开始的 Web 应用程序需要开发者实现协议解析、会话管理、业务处理等全部功能。后来,随着 Web 应用需求的增加,出现了由特定公司或组织开发和维护的仅仅负责协议解析和会话管理功能的 Web 容器,如微软的 IIS、BEA 的 Weblogic、IBM 的 WebSphere、Apache 的 Tomcat 等。Web 容器的出现,促进了 Web 开发框架的发展,如 Structs、Spring 等,极大地方便了开发者。这样一来,开发者仅需要在特定的 Web 容器上选用某种开发框架,编写满足特定业务逻辑的程序代码,即可完成 Web 应用程序的开发。

在处理业务请求时,另一个必不可少的组件是数据库,如 Oracle、SQL Server、MySQL 等,它们可以提供可靠的数据存储功能和快速的数据查询功能。业务代码仅需要使用标准的 SQL 语句即可访问数据库,完成业务数据的存储和查询。我们把业务数据存放在数据库的过程称为数据持久化。由于最初的数据库都是关系型数据库,与 Java、C++、Python 等面向对象的语言使用方法不同,所以后来出现了专门的数据持久化层,用户可以使用同样的面向对象的方法实现对数据的存储、查询和更新等操作。

此外,还有一部分业务数据,如声音、视频、图片、文档等不适合存放在数据库中,所以需要将这些信息以文件的形式存放到磁盘上。

上述 Web 应用程序、数据库和文件三个组件由于最初业务规模较小,所以,只需要将其部署在同一台服务器上即可满足需求,如图 1-5 所示。

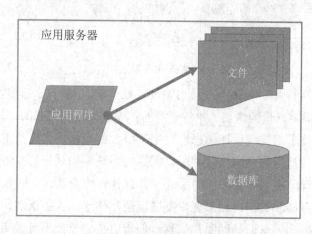

图 1-5 单机架构的 Web 系统

2. 多机 Web 系统

随着业务的扩展及系统用户数量的增加，企业对 Web 系统业务处理能力的需求也随之提高。原有的一台服务器已经不能满足企业对性能的需求，故将应用程序、数据库、文件部署在各自独立的服务器上，如图 1-6 所示。

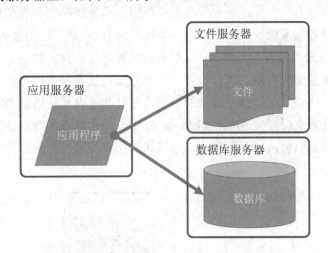

图 1-6　多机架构的 Web 系统

Web 系统的实施人员可根据服务器的用途选择配置不同的硬件，以达到最佳的性能效果。例如：部署 Web 应用程序的应用服务器，可能需要更高处理能力的 CPU 和更大的内存；数据库服务器需要更大的内存和磁盘空间；文件服务器需要更快的网络和更大的磁盘空间。这种分立的服务器架构，为企业定制业务需求提供了保障。并且，随着业务的发展，发现需要存放更多的文件信息时，企业也仅需要升级文件服务器即可，这样在提高 Web 系统灵活性的同时，也为企业节约了维护成本。

3. 应用缓存技术

最初的 Web 系统仅提供信息的发布，很少有用户和 Web 系统的信息交互，因此仅用静态 Web 系统即可实现所需功能，但是随着技术的发展，用户对 Web 系统的需求在不断提高。用户希望 Web 系统可以提供更为及时的信息更新功能和更为方便的信息存储功能，所以动态 Web 系统应运而生，这之后 Web 系统会根据不同的用户基础信息、不同的请求，在数据库中进行查询，根据查询结果动态地生成特定的 Web 页面，并返回给用户。典型的应用包括邮件服务、任务列表、购物车、新闻等。

同样地，随着用户数量的增加，为不同用户动态生成这种独一无二的 Web 页面，并且在每次用户登录或发起请求时都需要重新生成的方式，会给后台的 Web 服务器和数据库服务器带来沉重的压力。统计数据也显示，大多数重新生成的 Web 页面与之前存在的 Web 页面相同，或者多个用户需要看到的 Web 页面是相同的，因此，这些页面就可在生成后被存储到某一个特殊位置，在需要的时候直接读取，这样一来不但减少了后台服务器的压力，也缩短了用户等待的时间，提高了用户体验度。这一技术即为**缓存技术**。

在硬件性能优化的同时，也可通过软件进行性能优化，在大部分网站系统中，都会利用缓存技术改善系统的性能，使用缓存技术主要由于热点数据的存在，大部分网站访问都遵循 28 原则(即 80%的访问请求，最终落在 20%的热点数据上)，所以我们可以对热点数据进行缓存，简化这些数据的访问路径，提高用户体验度。

实现缓存常见的方式有本地缓存和分布式缓存。本地缓存顾名思义是将需要被缓存的数据存放在应用服务器本地，可以存放在内存中，也可以存放在应用服务器的文件系统中，OSCache 就是常用的本地缓存组件。本地缓存的优点是速度快，但由于本地空间有限，所以能够缓存的数据量十分有限。因此，可以使用分布式缓存技术以提高可以使用的缓存空间。分布式缓存的优点是可以缓存海量的数据，并且非常容易扩展，在门户类网站中经常被使用，常用的分布式缓存有 Memcached 和 Redis。由于分布式缓存需要将数据缓存在多个服务器上，所以需要解决缓存数据的一致性和加快查找速度的问题。分布式缓存技术如图 1-7 所示。

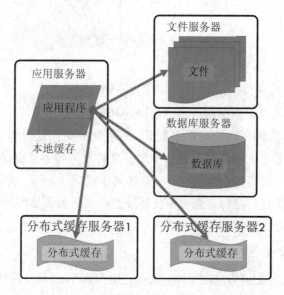

图 1-7　使用了分布式缓存技术的 Web 系统

4．使用集群技术

应用服务器作为 Web 系统的入口，承担了大量的请求处理工作，随着用户数量的增加和业务范围的扩展，业务用户请求将成几何倍数增长。这种情况下，通常会使用应用服务器集群来分担所有的用户请求。但是这会带来一个问题：用户仅通过同一个地址访问 Web 服务，如何将这样的请求分发到不同的 Web 应用服务器上？分发的原则又是什么？针对该问题，通常的解决方案是在应用服务器集群前面部署一个负载均衡服务器，通过调度来分发用户请求。负载均衡服务器根据分发策略将请求分发到多个应用服务器节点上，如图 1-8 所示。

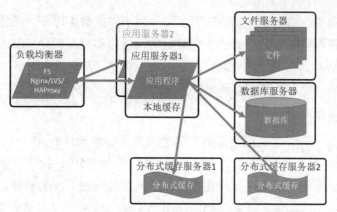

图 1-8　应用服务器集群技术在 Web 系统中的应用

常用的负载均衡技术可分为软件实现和硬件实现两种。典型的硬件方案是 F5，性能和稳定性都很优越，但是价格较为昂贵。软件的解决方案可以采用 LVS、Nginx、HAProxy 等产品。LVS 是四层负载均衡，它根据目标地址和端口选择内部服务器；Nginx 和 HAProxy 是七层负载均衡，它们根据报文内容选择内部服务器。因此 LVS 的分发路径优于 Nginx 和 HAProxy，性能要高些，而 Nginx 和 HAProxy 则更具配置性，如它们可以用来做动静分离(根据请求报文的特征，选择使用静态资源服务器还是应用服务器)。

5．数据库改造

随着用户量的增加，通过上述技术解决了用户请求处理的问题之后，数据库的读写性能将成为实现过程中最大的系统瓶颈，此时也是通过数据库服务器集群的方式来提升整体的性能。改善数据库性能常用的手段是进行读写分离和分库分表。读写分离，就是将数据库操作分为读库和写库，通过主/备功能实现数据同步。如图 1-9 所示，Web 应用程序会将写操作(插入、更新)请求只发给主服务器，而将读操作(查询)请求发送给其他备服务器。这种读写分离技术特别适合那些读多写少的业务应用，如新闻服务。

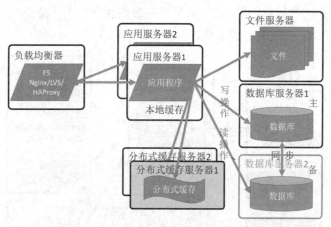

图 1-9　数据库使用主/备方式进行升级

此外，还可以使用分库分表方式，对数据库和表进行水平切分和垂直切分，水平切分是对一个数据库特大的表进行拆分，例如用户表的拆分；垂直切分则是根据业务的不同来切分,如将用户业务、商品业务相关的表放在各自不同的数据库中。这样一来,由于被操作的数据所在的逻辑位置不同,对于不同数据的读操作和写操作会被分发到不同的数据库服务器上执行,从而避免了出现瓶颈。但是,对于数据库的分库和分表需要资深的数据库管理人员才能完成,稍有不慎将会带来灾难性的后果。

6. CDN 和反向代理

代理(Proxy)是一种特殊的网络服务,通过该服务一个网络终端(一般为客户端)可以与另一个网络终端(一般为服务器)进行非直接的连接。一些网关、路由器及其他网络设备具备网络代理功能。通常,局域网用户无法直接访问广域网服务,需要通过代理服务器间接地访问位于广域网中的服务。此时,局域网用户了解广域网中代理服务器的存在。反向代理(Reverse Proxy)与代理相反,反向代理服务器通常是部署在局域网的机房内,接收来自广域网上的请求,然后将收到的请求转发到局域网的其他服务上,并将其他服务器的处理结果封装后发送给广域网上的用户。此时,广域网的用户并不了解局域网中反向代理服务器的存在。常见的反向代理有 Squid 和 Nginx。

网络上有一句调侃的话:"世界上最遥远的距离,不是天涯海角,而是我在电信,你在网通。"这句话生动地描绘了这样一个事实,在互联网世界里,在不同运营商之间进行通信的网络延迟最大。假如 Web 系统部署在成都的机房,那么对于四川的用户来说访问它的速度较快,而对于北京的用户来说访问它的速度相对较慢,这是由于四川属于电信通信发达地区,而北京属于联通通信发达地区,北京用户访问时需要通过互联路由器经过较长的路径才能访问到成都的服务器,返回路径也同样较长,所以数据传输时间比较长。对于这种情况,常常使用 CDN(Content Delivery Network,内容分发网络)来解决,CDN 将数据内容缓存到运营商的机房,用户访问时先从最近的运营商获取数据,这样将大大缩短网络访问的路径,加快访问速度。

通常,Web 系统会将 CDN 和反向代理技术相结合来使用,如图 1-10 所示,反向代理服务器将 CDN 缓存的数据返回给用户,如果没有发现缓存数据才会继续访问应用服务器获取数据,这样做减少了获取数据的成本。

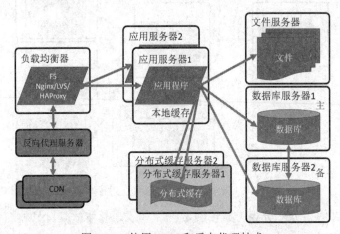

图 1-10 使用 CDN 和反向代理技术

7. 使用分布式文件系统

随着业务量越来越大，用户数量急剧增长，用户所产生的文件越来越多，单台文件服务器已经不能满足需求。特别是对于有大量图片格式的文件需要存储的服务，如淘宝、Facebook 等，此时这些 Web 系统需要分布式文件系统的支撑，如图 1-11 所示。

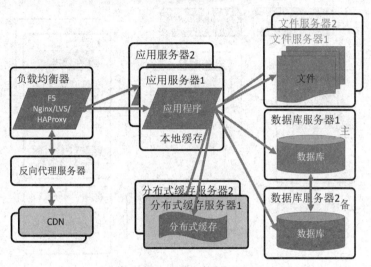

图 1-11　使用分布式文件系统技术

分布式文件系统(Distributed File System)是指文件系统所管理的物理存储资源不是直接连接在本地节点上，而是通过计算机网络与节点相连。常用的分布式文件系统有 GFS、HDFS、GlusterFS 等。与单台服务器提供的文件存储服务不同，由于分布式文件系统是由计算机网络中的多台服务器共同存储文件的，那么如何管理元数据(可以简单地理解为是文件对应的目录信息，包括文件名、文件大小、属性、存放位置等信息)是分布式文件系统首要解决的问题。根据元数据存储方式的不同，将分布式文件系统分为中心化和去中心化两种形式。中心化形式的分布式文件系统通常由一个或两个节点负责存储元数据，存放元数据的服务器不存放真正的文件，真正的文件存放在集群中其他服务器上，其中，以 Google 公司的 GFS 和 Apache 的 HDFS 为代表的分布式文件系统就属于这一类。另一类分布式文件系统没用来存放文件元数据的中心服务器，文件的元数据被分散地存放在集群中所有的服务器上，每个存放在该文件系统中的文件都会被分配一个全局唯一的 Key，可以根据这个唯一的 Key 定位到集群中实际存放该文件的服务器。其中一种用于 Key-Value 对查找的数学方法是分布式哈希表(Distributed Hash Table)，以 GlusterFS 为代表的分布式文件系统就是采用这种去中心化的技术。

8. 使用 NoSQL 和搜索引擎

常见的业务数据可以存放在关系型数据库中，如 MySQL 集群。但是随着互联网业务的发展，出现了一种新的数据存储需要，例如在淘宝系统中，需要存放用户和其购买商品的对应关系，由于淘宝系统中用户量和商品信息数量庞大，传统的关系型数据库无法在一张二维表格中存放这种对应关系。此时，出现了一种非关系型数据库 NoSQL，它允许通过键值或列存等方式对数据进行存放,打破了传统的关系型数据库对数据直接的强管理要求,更加适合新型业务的需求。常用的 NoSQL 有 MongoDB、HBase、Redis 等。如图 1-12 所示,将 NoSQL 与搜索引擎相结合,还可以极大地方便用户对海量数据进行查询和分析,并且能够达到更好的效果。

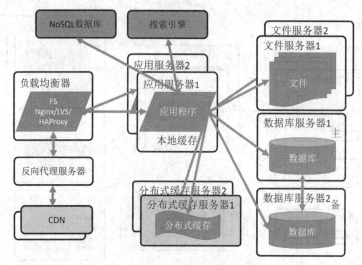

图 1-12　使用 NoSQL 和搜索引擎技术的 Web 系统

9. 拆分应用服务器

随着 Web 系统业务的进一步扩展,Web 应用程序需要实现的功能越来越多,其自身变得非常臃肿。为了保证 Web 应用程序的简洁性及其运行效率,需要将单一的 Web 应用程序根据其处理业务的不同进行拆分,拆分之后,不同业务独立运作,业务之间通过消息队列或者共享数据库方式进行通信,如图 1-13 所示。

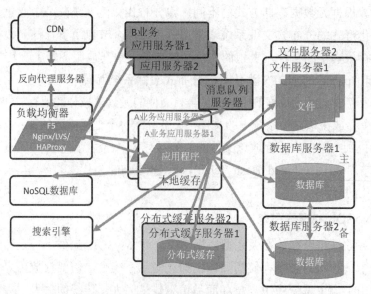

图 1-13　根据业务不同进行 Web 应用程序拆分

回顾 Web 系统的发展过程会发现，其实很多时候，我们无法选择最好的技术，只能选择最适合的技术。因为技术本身的发展被软件、硬件、业务需求等多方面因素影响。同时也应该看到，可能之前不适合应用的技术，到现在反而会有很好的应用市场。这里我们之所以介绍了 Web 系统的发展，主要是希望测试人员能够意识到被测目标系统的复杂性，以及被测目标系统的后台构成，以帮助测试人员在测试过程中遇到功能或性能方面的问题时，能够快速定位问题可能产生的根源，这种能力是一名优秀的测试人员所必须具备的。

思 考 题

1. 软件系统为什么要进行测试？
2. 对于软件测试方法和手段而言，三种类型的被测系统之间有何不同？
3. 一个包含有数据库的 Web 系统，其响应用户请求的过程是怎样的？
4. 回顾 Web 系统随着用户规模增加以及业务增长而发生的变化过程。
5. 软件测试如何适应不断演进的 Web 系统？

第 2 章 测试环境搭建

软件测试环境是指对测试运行其上的软件和硬件环境的描述，以及对任何其他与被测软件交互的软件、系统、数据和工具的描述。

百度百科中给出了软件测试环境的定义：软件测试环境是指为了完成软件测试工作所必需的计算机硬件、软件、网络设备、历史数据的总称。毫无疑问，稳定并可控的测试环境，可以使测试人员花费较少的时间就能完成测试用例的执行，无需为测试用例、测试过程的维护花费额外的时间，并且可以保证每一个被提交的缺陷都可以在任何时候被准确地重现。

经过良好规划和管理的测试环境，可以尽可能地减少由于环境变动对测试工作带来的不利影响，并可以对测试工作的效率和质量的提高产生积极的作用。

2.1 搭建实验环境的目的

为了简化学习过程，本书中所讲述的软件测试实战用例与具体的物理环境无关，原则上可以使用任意的计算机或虚拟机来完成。实际上，可以使用云平台准备 3 台安装有 Windows 的主机。不同的测试场景可能使用不同的服务器环境。

为此，测试人员首先需要熟悉 VMware 虚拟机的上机实验环境，可以轻松进行虚拟机内部及虚拟机之间的操作。重点关注在一台 Windows 虚拟机上完成后续实验所需实验环境的搭建，包括如下内容：

- 安装并配置 JDK；
- 安装配置 Tomcat 应用服务器；
- 安装配置 MySQL 数据库；
- 安装 JForum 开源论坛系统；
- 安装压力测试工具 LoadRunner。

2.2 实验环境的搭建过程

在本书后续的软件测试过程描述中，主要对基于 Java 开发的 JForum 论坛的代码覆盖测试、单元测试、黑盒测试及压力测试进行说明。因此，首先需要在被测系统中安装部署 JDK。

2.2.1 安装并配置 JDK

下面介绍如何在一台 Windows 系统上安装并配置 JDK。若你所使用的测试环境已经部署有 JDK，并且测试命令 java、javac 等可以正常使用、环境变量 JAVA_HOME 及其他设置正确后，可以跳过此节内容。

本书中选用的是 Oracle 公司发布的 JDK 6，安装程序可以从 Oracle 的官方网站[①]下载使用。安装程序会以向导的方式提示用户完成安装过程。双击安装程序，将启动如图 2-1 所示的安装程序。

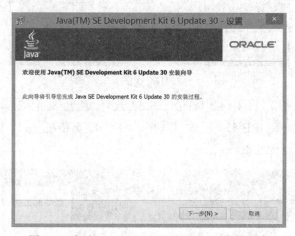

图 2-1　启动 Java Platform (JDK) 6u30 安装程序

在运行 JDK 安装程序的过程中，安装程序会先后安装 JDK 和 JRE 两个组件。首先安装的是 JDK，之后会安装 JRE，分别有两次提示选择安装目录，如图 2-2 所示。

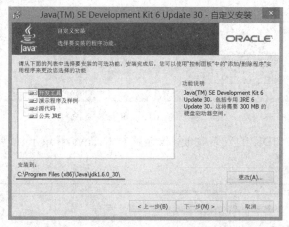

图 2-2　提示设置 JDK 的安装路径

---

① http://www.oracle.com/technetwork/java/javase/downloads/index.html

若无安装目录要求,可全部使用默认设置,无需做任何修改,两次均直接单击"下一步"按钮。若将 JDK 作为开发使用,从便于维护的角度考虑,建议将两个组件安装在同一个 java 文件夹下的不同目录中,安装路径设置如图 2-3 所示。

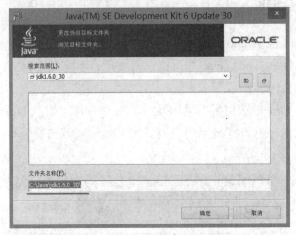

图 2-3　为 JDK 设置安装路径

安装路径可以指定在磁盘上的任意位置,这里我们选择的安装路径是:C:\Java\jdk1.6.0_37。安装 JRE 时,更改目录使之与 JDK 安装在一起。这里我们选择的安装路径是 C:\Java\jre6,如图 2-4 所示。

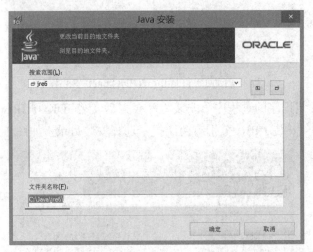

图 2-4　为 JRE 设置安装路径

JRE 安装后,整个 JDK 的安装完成。安装路径 C:\Java 目录下出现如图 2-5 所示的类似内容。

图 2-5　C 盘安装路径下的目录结构

注意：JDK 的安装路径 C:\Java\jdk1.6.0_37，该路径将作为后续设置系统环境变量 JAVA_HOME 的值。为了避免手工输入可能造成的错误，建议直接从资源管理器的地址栏中拷贝该安装路径。

为了方便后续其他程序，如 Tomcat、Eclipse 等的使用，需要为 JDK 配置相应的环境变量。具体操作是在桌面中"我的电脑"或"计算机"上单击鼠标右键，选择"属性"选项，如图 2-6 所示。

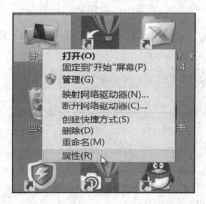

图 2-6　右键单击计算机选择打开"属性"选项

在弹出的新窗口中，单击"高级系统设置"链接，弹出"系统属性"对话框，在其中选择"高级"选项卡，在"高级"选项卡中，单击"环境变量"按钮，打开"环境变量"对话框，如图 2-7 所示。

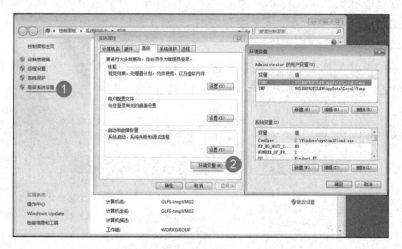

图 2-7　打开"环境变量"对话框

在弹出的"环境变量"窗口中，有"Administrator 的用户变量"和"系统变量"两个分类。其中，用户变量仅对当前用户(Administrator)适用，对其他用户无效；而系统变量对所有用户有效。因此，通常情况下我们将需要全局使用的变量设置为"系统变量"。

单击"系统变量"列表框下的"新建"按钮，新建 JAVA_HOME 变量。变量值填写 JDK 的安装目录，如图 2-8 所示，填写完毕后，单击"确定"按钮。

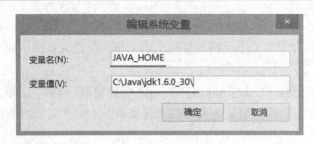

图 2-8　设置 JAVA_HOME 环境变量

单击"系统变量"列表框下的"新建"按钮，新建 CLASSPATH 变量，如图 2-9 所示。其中，变量值为：

.;%JAVA_HOME%\lib\dt.jar;%JAVA_HOME%\lib\tools.jar

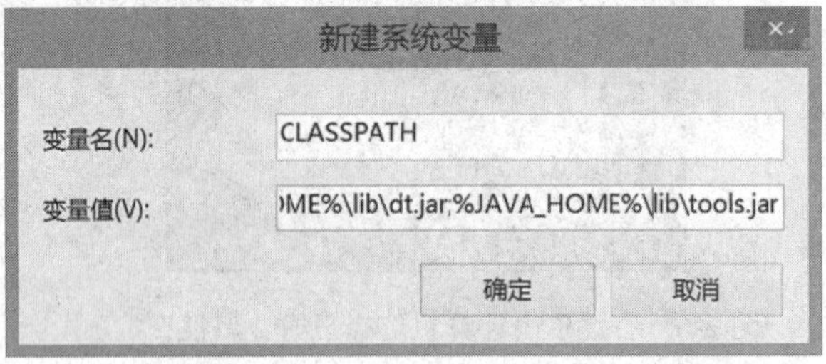

图 2-9　设置 CLASSPATH 环境变量

注意：Windows 系统中，环境变量的值使用分号";"分割，路径变量从开始进行搜索。此处第一个分号前的句号"."代表的是操作系统中的当前路径。通常情况下，如果需要在命令行下直接通过 java 命令运行某个编译好的 class 文件时，应使用"."这个环境变量。白盒测试实验中环境变量将起到作用。

拖动"系统变量"列表框的滚动条，选中"Path"变量，单击"编辑"按钮，在系统变量 Path 中加入 JDK 中的可执行程序，如 java、javac 等。如图 2-10 所示，在变量值最开始插入：

%JAVA_HOME%\bin;

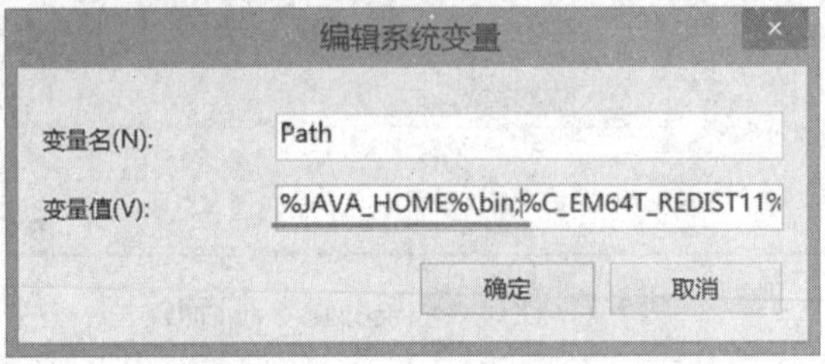

图 2-10　修改 Path 环境变量

系统变量 Path 的作用是，当我们直接在命令行下输入某个外部命令时，Windows 操作系统将直接从 Path 变量的值(是一个包含多个路径的列表)中，匹配键入的命令。如果匹配成功，将直接执行该命令；如果遍历了所有路径都无法匹配，则提示"'XXX'不是内部或外部命令，也不是可运行的程序或批处理文件"。

此处，我们将"%JAVA_HOME%\bin"的值插入到了 Path 环境变量值的最前面，目的是当用户输入 java 或 javac 之后，刚刚安装的 JDK 版本将在第一时间被发现，以确保使用的是 JDK 1.6.0_30 的版本。如果将"%JAVA_HOME%\bin"的值插入到 Path 环境变量之后，有时它可能无法起到作用。

设置好环境变量之后，通过 Win+R 快捷键打开运行窗口，在其中输入 cmd 命令，打开命令行窗口，如图 2-11 所示。

图 2-11　通过快捷键 Win+R 打开运行窗口输入 cmd 命令

在命令行窗口中输入如下命令查看 Java 的版本信息：

java -version

若出现如图 2-12 所示的提示，则说明 JDK 已经安装并配置成功。

图 2-12　在命令行中查看 java 版本信息

2.2.2　安装配置 Tomcat 应用服务器

将 Tomcat 的压缩包解压到指定位置，路径中最好不要包含空格和中文，如 C 盘根路径 C:\。打开环境变量的配置窗口，参考 JDK 环境变量配置过程，在系统环境变量中新建 CATALINA_HOME 变量，如图 2-13 所示，变量值为 Tomcat 解压的路径：

C:\apache-tomcat-6.0.26

图 2-13　设置环境变量 CATALINA_HOME

注意：此处需要保证 C:\apache-tomcat-6.0.26 中直接包含 Tomcat 的内容。简单来讲，路径 bin、conf 等是 C:\apache-tomcat-6.0.26 的下一级子路径。

环境变量设置成功之后，进入 Tomcat 安装目录中的 bin 目录，双击 startup.bat 程序，如图 2-14 所示，启动 Tomcat 服务。

图 2-14　启动 Tomcat 服务

注意：若要确保 Tomcat 服务一直有效，打开的 Tomcat 命令行窗口不能关闭。如果出现 startup.bat 窗口打开之后一闪就退出的情况，通常是由于上一步 JAVA_HOME 环境变量设置错误。此时，可以通过 Win + R 快捷键打开一个新的命令行窗口，用鼠标将 startup.bat

文件拖动到命令行窗口中，按回车运行 startup.bat，新打开的命令行窗口不会关闭，将显示出错的具体原因。

在确保 Tomcat 服务运行的前提下，打开 IE 浏览器访问 localhost:8080 地址，访问 Tomcat 的服务。若一切正常，可以看到如图 2-15 所示的 Tomcat 管理界面。

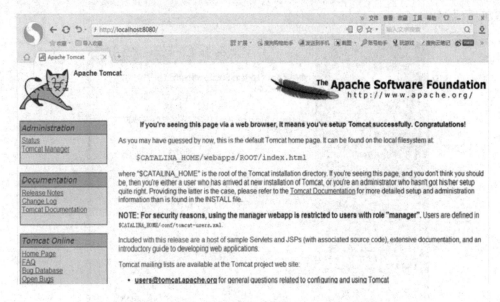

图 2-15　在 IE 浏览器中看到的 Tomcat 管理界面

Tomcat 是一个 Web 容器，其内部可以同时部署和运行多个 Web 应用。不同的 Web 应用通过不同的上下文路径(context path)加以区分。若需要部署 Web 应用，可以将 Web 应用拷贝到 Tomcat 安装目录下的 webapps 目录中，如图 2-16 所示。我们将在后面部署 JForum 论坛时使用。

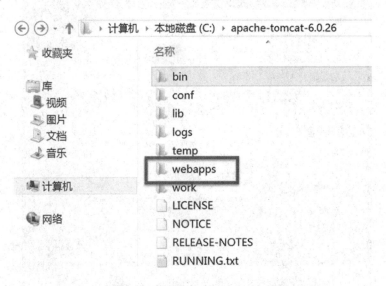

图 2-16　Tomcat 安装目录下的 Web 应用程序部署路径

2.2.3 安装配置 MySQL 数据库

JForum 论坛需要使用一个后台数据库，我们选用 MySQL 数据库。解压 mysql-5.0.45-win32.rar 到任意目录，并运行 Setup.exe 程序，如图 2-17 所示，单击"Next"按钮，安装 MySQL 数据库。

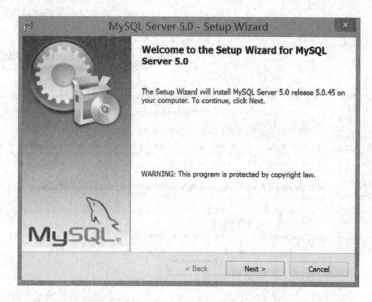

图 2-17 MySQL 安装程序启动界面

选择"Typical"安装模式，如图 2-18 所示，单击"Next"按钮进入下一步。

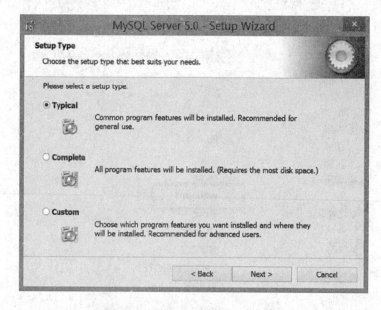

图 2-18 MySQL 安装类型选择界面

单击"Install"按钮，如图 2-19 所示，开始安装 MySQL 数据库。

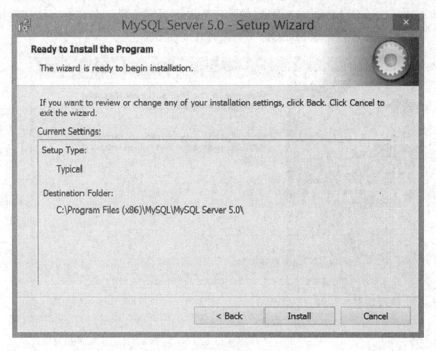

图 2-19　准备安装 MySQL 数据库

安装完成后，勾选"Configure the MySQL Server now"前面的复选框，配置 MySQL 数据库实例，如图 2-20 所示。

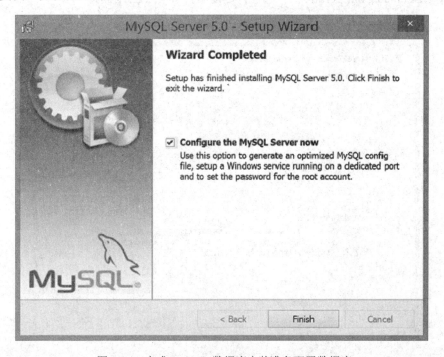

图 2-20　完成 MySQL 数据库安装准备配置数据库

MySQL 安装程序将自动打开 MySQL 实例配置向导，单击"Next"按钮进入配置过程，如图 2-21 所示。当完成 MySQL 实例配置后，将为该实例创建一个数据文件存储目录，并在特定的端口上启动一个其他 MySQL 实例监控用户连接。

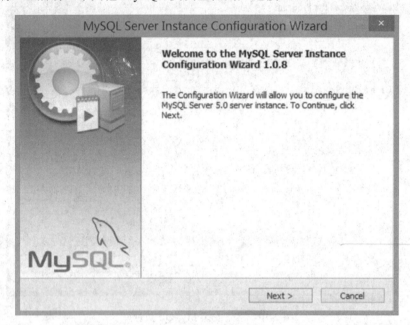

图 2-21　开始配置 MySQL 数据库

选择"Detailed Configuration"，进行详尽配置，如图 2-22 所示。

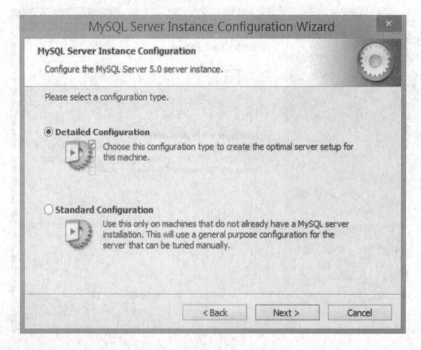

图 2-22　选择详尽配置

选择 MySQL 服务器的类型为 "Server Machine"，如图 2-23 所示。

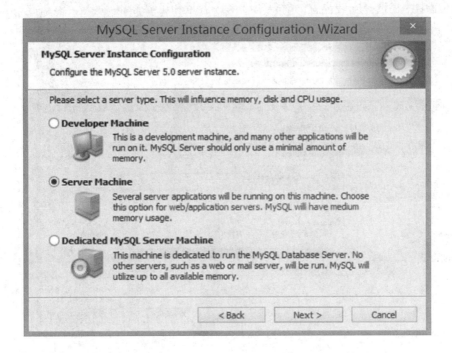

图 2-23　选择以服务器主机形式配置 MySQL 数据库

选择数据库类型为 "Multifunctional Database"，如图 2-24 所示。

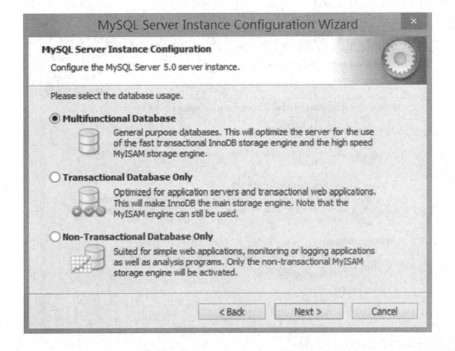

图 2-24　选择配置 MySQL 为多功能数据库

配置数据库实例的安装位置，使用默认的 C 盘存放该实例的数据，如图 2-25 所示。实际生产环境中，在选择安装位置的时候需要考虑容量和可靠性。

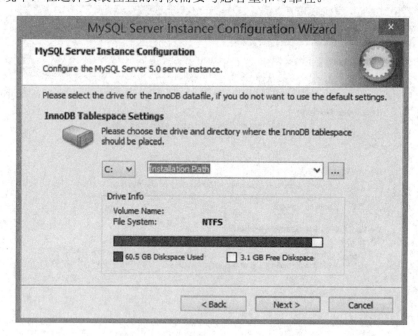

图 2-25　选择 MySQL 实例的安装位置

选择数据库支持的并发连接数，使用 OLTP 类型，如图 2-26 所示。实际生产环境中，根据该数据库应用的情况进行选择。

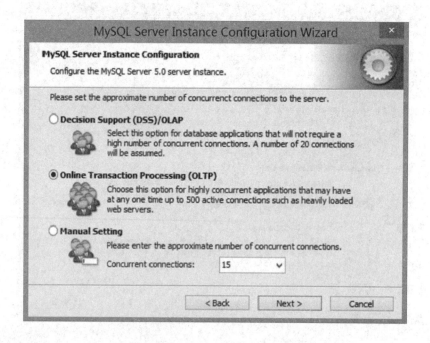

图 2-26　选择 MySQL 服务器可能的并发连接数

设置 MySQL 数据库的网络选项。默认的 MySQL 实例使用的网络端口是 3306。我们选择使用该默认值，如图 2-27 所示，后面配置 JForum 时将保持一致。生产环境中，需要根据实际情况选择使用未被其他实例占用并没有被防火墙屏蔽的端口号。

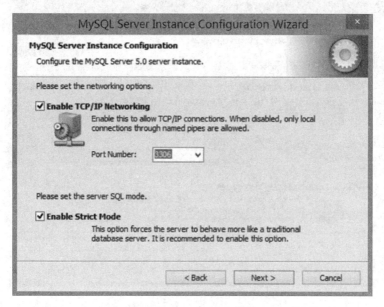

图 2-27　完成 MySQL 配置的网络选项

选择数据库的字符集为 UTF-8，主要是为了保证 Web 应用向 MySQL 发送请求数据时不会对中文字符造成乱码现象，如图 2-28 所示。后面配置 JForum 论坛时也会使用该字符集。

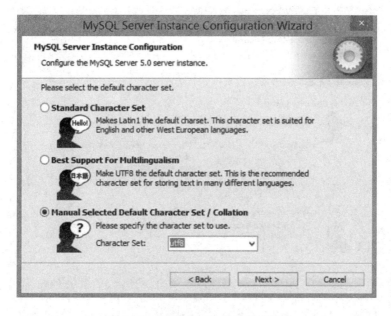

图 2-28　设置 MySQL 默认的字符集

设置 Windows 操作系统相关选项，将 MySQL 设置为开机时自启动的服务，如图 2-29 所示。

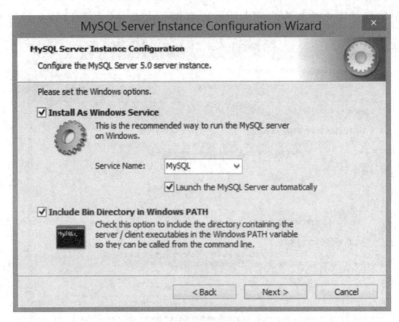

图 2-29　设置 MySQL 相关的 Windows 服务信息

如图 2-30 所示，为了方便记忆，设置 MySQL 数据库的链接密码为：123456。后面配置 JForum 论坛时使用该密码。实际生产环境中，应该充分考虑安全性要求，设置更加复杂的密码。

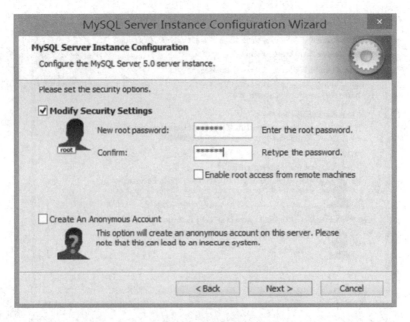

图 2-30　设置 MySQL 的安全选项

在完成上面的配置之后，MySQL 安装程序会提示执行上述配置。单击"Execute"按钮执行配置，如图 2-31 所示。

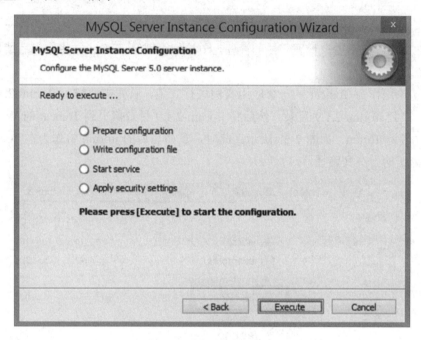

图 2-31　完成 MySQL 实例的配置

如果一切正常，将完成配置，如图 2-32 所示。

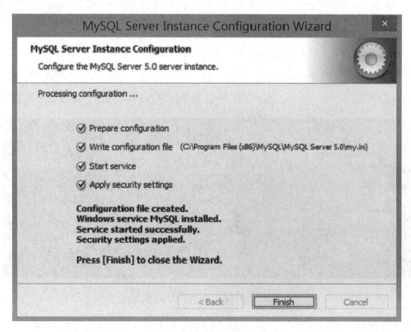

图 2-32　MySQL 实例配置完成

注意：如果在"Apply security settings"步骤出错，可以关闭防火墙后再次尝试。

2.2.4 安装 JForum 开源论坛系统

JForum 是用 Java 语言编写的一个开源论坛系统。作为一个 Web 应用，JForum 实现了论坛的常见功能，包括用户管理、帖子管理、子论坛管理等。JForum 将作为后续黑盒测试的被测系统。

JForum 论坛作为 Tomcat 的一个应用实例进行安装，首先需要解压 jforum-2.1.9.zip 到任意路径，得到 jforum-2.1.9 目录。然后将 jforum-2.1.9 目录拷贝到 Tomcat 的 Web 应用目录中，并改名为 jforum，如图 2-33 所示。此时，重命名后的 jforum 将作为在 Tomcat 中访问 JForum 论坛的上下文路径。

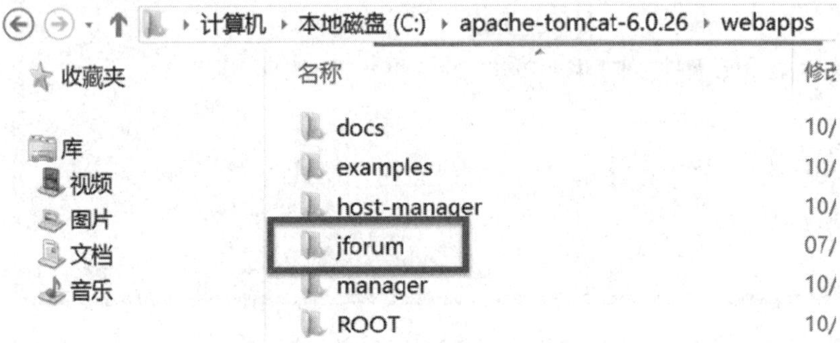

图 2-33 解压缩并修改名称

接下来，需要为 JForum 应用在 MySQL 数据库实例中创建对应的数据库。启动命令行窗口，输入 "mysql -u root -p" 命令，或者直接在开始菜单中选择打开客户端，连接 MySQL 数据库。输入如下命令，创建 JForum 应用所需的数据库。

```
create database jforum;
```

数据库 jforum 创建成功后，输入 "\q" 命令退出 MySQL 客户端，如图 2-34 所示。

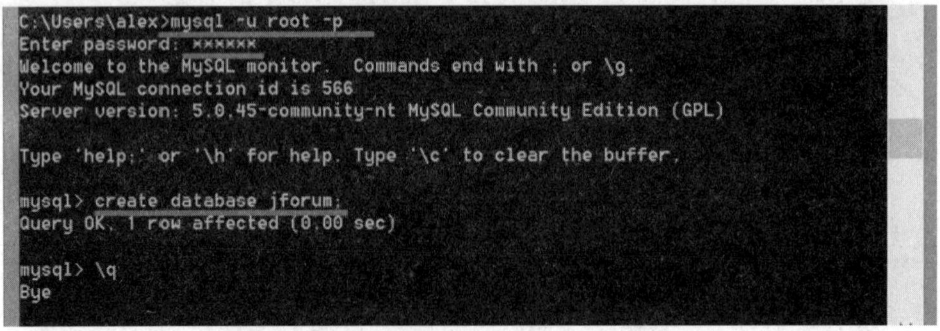

图 2-34 为 JForum 论坛创建数据库

注意：命令结尾处的分号 "；" 是 SQL 语句结尾的标识符，不能被省略。

下一步，通过浏览器访问 JForum 论坛安装页面。要确保 Tomcat 应用服务器已经运行，然后在 IE 浏览器地址栏中输入如下地址，开始配置 JForum 论坛，如图 2-35 所示。

第 2 章　测试环境搭建 | 29

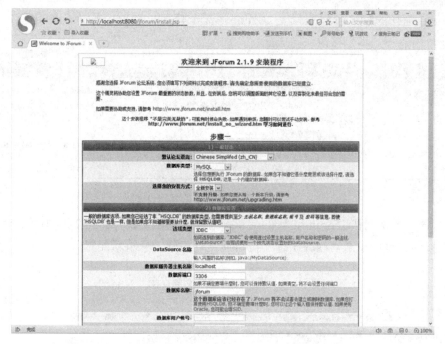

图 2-35　JForum 论坛的 Web 配置界面

http://localhost:8080/jforum/install.jsp

如果在前面安装 MySQL 数据库时没有修改过端口号，那么默认论坛语言、数据库类型、安装方式、数据库连接类型、数据库服务器主机名、端口号及数据库名称，都保持默认，不需要进行调整。

配置数据库连接时，输入访问账号 root，密码为 123456，字符编码使用 UTF-8，这部分信息和配置 MySQL 数据库时的一致，如图 2-36 所示。其他使用默认值即可。

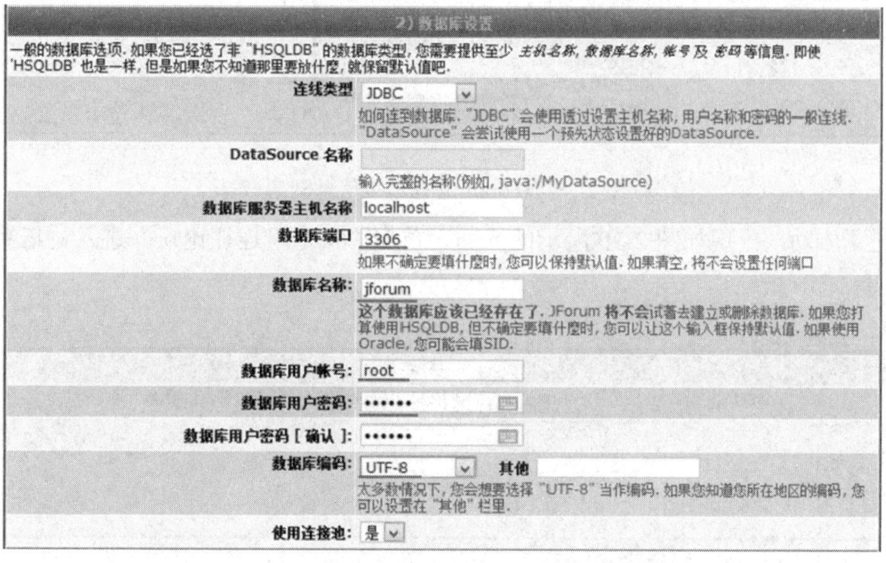

图 2-36　JForum 论坛数据库连接相关信息设置

JForum 论坛的默认管理账号是 Admin，无法修改。此时，输入初始化管理员密码 123456。单击"下一步"按钮，完成配置，如图2-37所示。

图2-37 设置 JForum 论坛的管理员密码

此时，需要再次确认 JForum 论坛的配置信息。若正确无误，如图2-38所示，单击"开始安装"按钮；否则单击"修改状态"按钮返回"步骤一"重新配置。

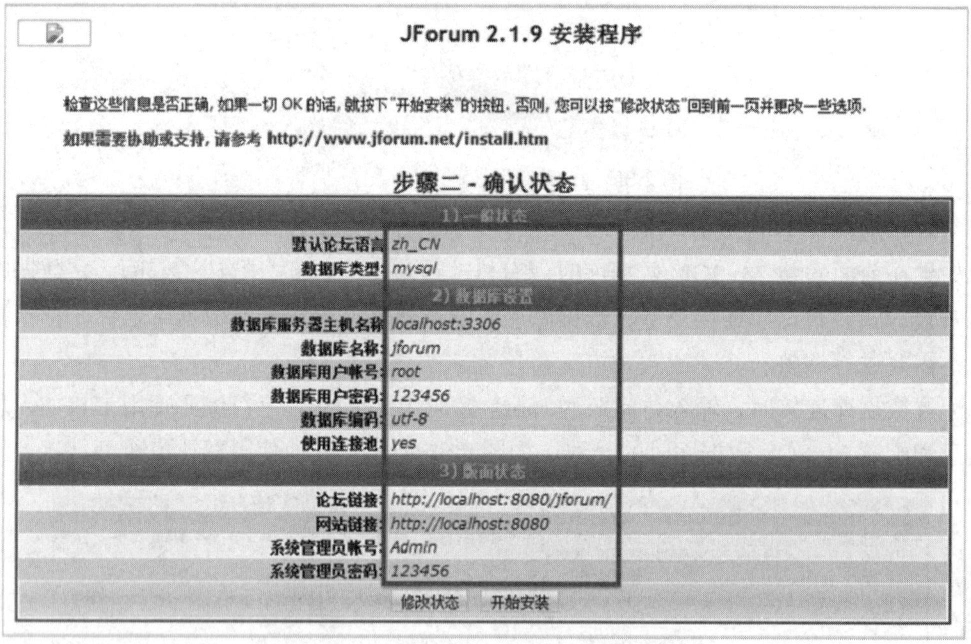

图2-38 JForum 论坛设置信息概览

若配置成功，出现如图2-39所示的界面，单击"按这里连往论坛"进入论坛系统。

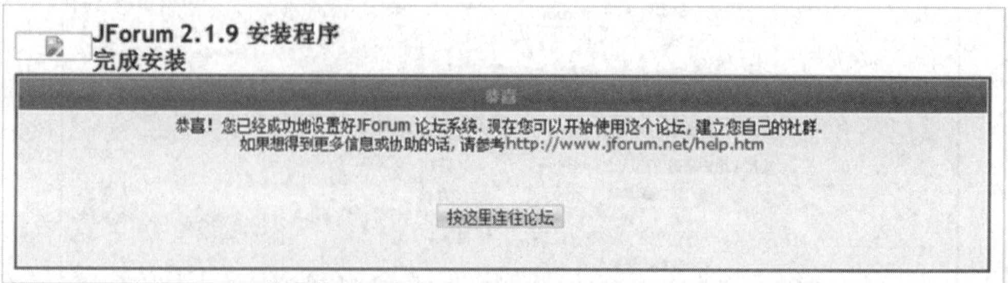

图2-39 JForum 论坛完成安装

2.2.5 安装压力测试工具 LoadRunner

LoadRunner 是一种用来预测被测目标系统行为和性能的负载测试工具。LoadRunner 可以以多个进程或线程的形式，模拟数万虚拟用户对目标系统进行访问、实施并发负载，同时在此过程中可以实时对运行的目标系统的性能进行监测，进而来确认和查找目标系统中可能存在的问题。LoadRunner 能够对整个企业架构进行测试，并能最大限度地缩短测试时间、优化性能和缩短应用系统的发布周期。LoadRunner 可适用于各种体系架构的自动负载测试，能预测系统行为并评估系统性能。

加载 HP LoadRunner 11.00 的安装盘，双击 setup.exe，运行安装程序，启动如图 2-40 所示的安装界面。

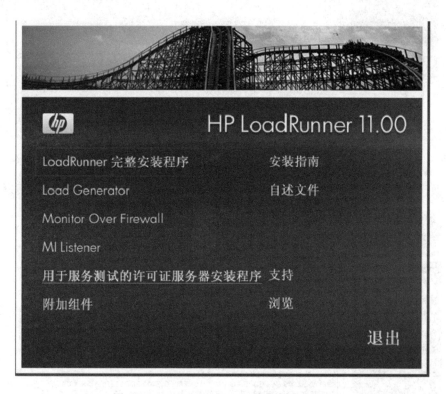

图 2-40　HP LoadRunner 11 的安装启动界面

目前，HP LoadRunner 11.00 支持在 Windows 7 上进行安装。安装前需要首先在 Windows 组件中安装 .Net Framework 3.5。同时，安装程序会自动安装"Microsoft Visual C++ 2005 SP1 运行组件"。

如果安装程序检测到当前的 Windows 系统满足安装条件，将出现如图 2-41 所示界面，在该界面中，单击"下一步"按钮可以正式开始安装 HP LoadRunner 11.00。

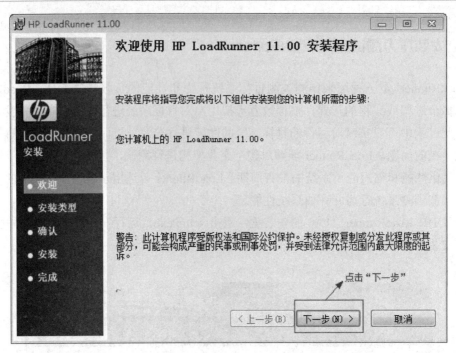

图 2-41　HP LoadRunner 11.00 的安装界面

安装程序首先显示许可协议界面，选择"我同意"后单击"下一步"按钮继续，如图 2-42 所示，填写客户信息。

图 2-42　安装的许可协议

根据实际情况填写客户信息，包括姓名和公司信息，如图 2-43 所示。

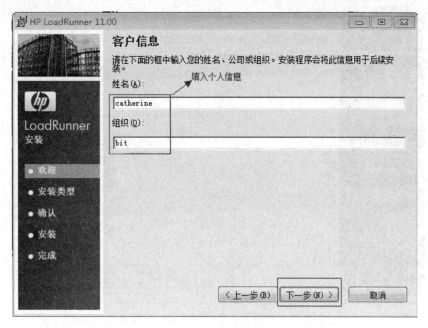

图 2-43　填写客户信息

选择 LoadRunner 的安装路径，如图 2-44 所示，系统磁盘空间容量为主要考量因素。

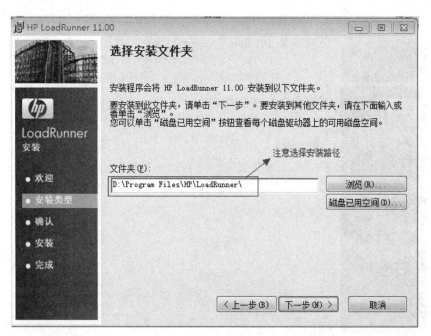

图 2-44　确定 LoadRunner 的安装路径

出现确认安装界面，如图 2-45 所示，单击"下一步"按钮将真正进入 LoadRunner 安装过程。

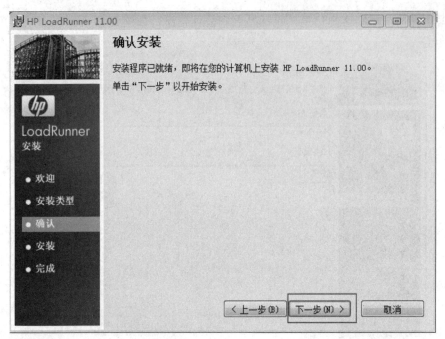

图 2-45　单击下一步 LoadRunner 开始安装

开始安装,安装耗时会根据电脑的性能不同有所差异。直到进度条走完,才能完成 LoadRunner 安装,如图 2-46 所示。

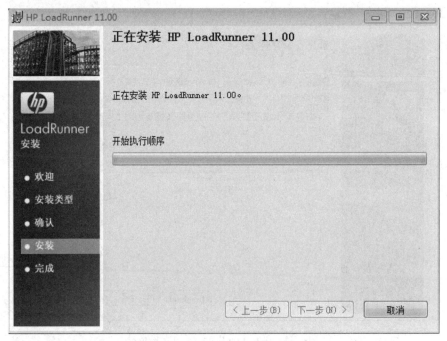

图 2-46　LoadRunner 安装进度显示

注意:在安装过程中不能关闭安装程序。建议在安装过程中关闭 360 等杀毒、防火墙软件,否则可能造成动态链接库注册失败。

安装完成后，系统会自动打开"Loadrunner License Information"窗口，显示当前所持有的证书，如图2-47所示。默认证书只有10天试用期。

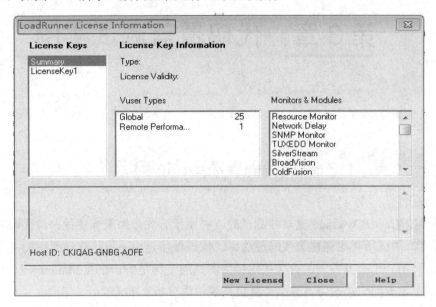

图 2-47　LoadRunner 的协议信息

提示你的"license"只有十天的使用期，如图2-48所示。

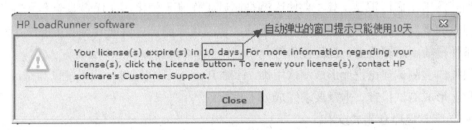

图 2-48　默认只有10天的试用期

思 考 题

1. 在设置 Windows 环境变量时，"用户变量"和"系统变量"有何区别？
2. 为什么设置环境变量后，需要关闭已经打开的"命令行"窗口，重新打开一个新的"命令行"窗口后，新添加或修改的环境变量才能生效？
3. 安装的 Tomcat 在整个测试环境中扮演什么角色？它和 JForum 论坛的关系是什么？
4. 配置 MySQL 时使用的端口号是多少？端口号的作用是什么？
5. 分析 LoadRunner 的许可信息，其中"Vuser Type"中的数字代表的含义是什么？

第3章 代码覆盖测试实例

3.1 代码覆盖测试的目标

代码覆盖(Code Coverage)是软件测试的一种度量方式,用来描述程序源代码被测试的比例和程度,测试所得比例称为代码覆盖率。代码覆盖是由系统化软件测试衍生出来的一种测试方式。第一份公开发表的有关代码覆盖测试的资料是 Miller 及 Maloney 于 1963 年在 ACM 通讯上发表的一篇题为《数字计算机系统错误分析》的论文。

代码覆盖率是反映测试用例对被测软件覆盖程度的重要指标,也是衡量测试工作进展情况的重要指标。覆盖测试是对测试工作进行量化的重要指标之一,测试工作往往被误认为不如开发工作那样重要,其主要原因就是测试工作难于量化,而代码覆盖率恰恰是解决这一问题的重要指标。根据覆盖内容的不同,代码覆盖测试可以细分为语句覆盖、判定覆盖、条件覆盖、路径覆盖、循环覆盖等。

根据白盒测试理论设计形成测试用例,针对 JForum 源代码进行代码覆盖测试,记录测试过程,形成测试报告。本章要求完成如下目标:
- 熟练掌握白盒测试技术;
- 编写相关测试用例;
- 学习 CodeCover 工具的使用;
- 熟悉 CodeCover 的 Standalone 工作模式;
- 掌握 Ant 辅助测试工具的使用方法;
- 学习使用 Eclipse 插件进行测试。

3.2 CodeCover 工具简介

CodeCover 是一个免费的白盒测试工具,支持为每个测试用例生成独立的报表,目前支持的语言有 Java 和 COBOL。CodeCover 支持以下种类的代码覆盖测试。

1. 语句覆盖(Statement Coverage)

为了达到完整的语句覆盖,程序代码的每个语句必须至少执行一次。如果语句覆盖率未达到100%，表明这个程序未被完全测试。

2．分支覆盖(Branch Coverage)

分支覆盖也称为判定[①]覆盖(Decision Coverage)，要达到100%的分支覆盖率，必须执行所有分支。与语句覆盖率不同，if 语句对应的 else 分支也必须执行，即至少需要两个测试用例，一个测试用例覆盖判断条件取真(if 分支)的情况，另一个测试用例覆盖判断条件取假(else 分支)的情况。

3．术语覆盖(Term Coverage)

术语覆盖细化了 if 语句中的判定表达式。判定中的每个基本的布尔术语必须至少一次影响整体结果使其取真或取假。代码覆盖实现了 Ludewig 术语覆盖，布尔短路径语义可以归入修正判定/条件覆盖(Modified Condition/Decision Coverage，MC/DC) 类。Eclipse 插件提供了一个视图(布尔分析器)，以帮助程序员理解哪些术语值的集合已经被测试过，哪些基本术语是生效的。

4．循环覆盖(Loop Coverage)

编程时，循环很容易出错，例如 for 循环少执行一次循环。循环覆盖有助于仔细测试整个循环过程，确认每个循环都被执行过，并确认每个循环被执行了一次，还是被执行多次。

5．问号运算符覆盖(Question mark operator (?) Coverage)

问号运算符(?)是一个条件表达式，例如在 C 语言中，问号运算符覆盖率可以显示出表达式的两个选项是否都被执行。与分支覆盖类似，如果问号运算符中的两个选项都被执行，则问号运算符覆盖率是 100%；如果只执行了其中一个选项，则为 50%；如果两个选项都未被执行，则是 0%。

6．同步覆盖(Synchronized Coverage)

同步语句用于同步临界代码段。如果同步语句被加锁，那么其他相关线程将进入等待模式，直到锁定区域资源被释放。同步覆盖率显示同步语句是否进入等待模式，同步覆盖对于量化负载测试的影响非常大。

CodeCover 进行测试之后可以生成测试报告，报告可以是单一的 HTML 文件，也能够以 CSV 形式导出测试结果。CodeCover 的测试报告有如下特点：

(1) 可定制化：CodeCover 可以定制输出汇总数据的形式，可以充分满足用户的需求。测试人员可以调整报表模板以创建基于文本的输出。例如，测试人员可以根据公司的格式要求制作一个特殊样式的 HTML 报表，并突出感兴趣的结果；也可以通过编程的方式，为每个格式编写自己的报表生成器。

---

① 判定(Decision)是一个布尔表达式，它由若干个条件以及一个或多个布尔运算符组成。条件(Condition)是一个不包含布尔运算符的布尔表达式。在计算机中，布尔运算符被定义为 6 种：或(OR)、与(AND)、非(NOT)、异或(XOR)、或非(NOR)、与非(NAND)。

(2) 方便性：CodeCover 可以保存所有感兴趣的数据。测试人员甚至可以创建一个包含以往测试结果以及源代码的测试报告，由此可以看到那些未被覆盖的代码。

(3) 灵活性：CodeCover 默认支持输出 CSV 和 HTML 格式的测试数据。如果测试人员熟悉 Java 语言，可以通过编程实现一个报告生成器，以想要的形式生成测试报告，也可以将测试结果写入数据库，并给特定人员发送邮件通知。

此外，CodeCover 在测试过程中对测试活动进行了详尽的记录。CodeCover 提供测试人员从多个方面定义测试活动的能力，测试人员可以看到每一次测试活动的覆盖率，通过参考之前测试所得覆盖率，可以帮助测试人员不断提高后续测试活动的覆盖率。每次运行都会生成一个测试活动。默认情况下，CodeCover 会在每次运行被测目标系统(System Under Test，SUT)时记录一个测试活动。每个测试活动都会有一个时间戳和一个可编辑的名称，以及一个可选的描述。根据这些信息测试人员可以区分出与一个测试用例关联的多个不同的测试活动。针对每一个 JUnit 测试方法分别记录一个测试活动。对于 Java 语言，如果使用 JUnit 进行单元测试，一定会有很多的 JUnit 测试用例。使用 CodeCover 进行测试的过程中，CodeCover 会为每个 JUnit 测试方法使用对应的方法名，单独记录一个测试活动。这样一来，测试人员可以比较每个 JUnit 测试方法对应的测试覆盖率，从而发现缺失的或不必要的测试用例。同时，CodeCover 提供了一种通过代码注释方式自动生成测试用例的方法。测试人员只要在源代码中测试活动开始和结束的位置都插入特定的代码注释内容，就可以在运行程序时自动记录这个测试活动。当运行 SUT 时，测试人员只需要一个开关即可控制测试活动的启动或停止。这样一来，测试人员可以让 SUT 在其他服务器上运行，通过 SUT 的名字远程控制是否记录测试活动，并在本地计算机上生成测试报告。

CodeCover 还可以很好地与其他系统进行集成，无论用户从事什么开发工作，总会找到一种方法可以将 CodeCover 与用户的开发过程相融合。CodeCover 提供了批处理、Ant 和 Eclipse 三种方式实现这样的集成。首先，CodeCover 提供了一个简单的、有据可查的批处理接口，开发人员几乎可以在任何地方调用该接口将 CodeCover 集成到开发环境中。其次，通过 Ant 脚本可以将 CodeCover 整合到现有的项目中，这种集成方式不仅简单，而且功能更加强大。最后，如果所在的项目使用 Eclipse 进行开发，则可以直接使用 Eclipse 的 CodeCover 透视图。透视图中提供了一系列方便的视图，可以让开发人员控制 CodeCover 的运行并查看测试结果。

因为 CodeCover 是开源的项目，它还具有很强的扩展性。只需要编写特定的插件，即可完成对 CodeCover 的扩展。目前，CodeCover 支持以下三个方面扩展：

(1) 编排器：目前，CodeCover 仅支持对 Java 和 COBOL 语言的编排，如果需要对其他语言的源代码进行代码覆盖测试，可以实现一个语言的编排器插件，就可以完成对其他语言的代码覆盖测试。

(2) 度量方法：目前 CodeCover 支持四种覆盖率度量，如果需要一种其他的代码覆盖率度量方法，通过编写度量插件即可实现。

测试报告：如果 CSV、HTML 格式的报告不能满足需求，可以通过开发测试报告插件，实现如 PDF、DOC 等格式的测试报告。

3.3 代码覆盖测试过程

CodeCover 支持 Standalone、Ant 辅助测试和 Eclipse 插件三种工作模式,对目标代码进行覆盖白盒测试。

3.3.1 测试准备

本次白盒测试实验选用的是一个名为"SimpleJavaApp"的 JavaSwing 应用,它可以显示和编辑一个图书列表,将其保存为 XML 格式的文件,并可以从 XML 格式的文件中加载保存的列表。在 Eclipse 的"File"菜单,选择"Import"选项,在"General"分类中选择"Existing Projects into Workspace",浏览 SimpleJavaApp 源文件所在路径,将"SimpleJavaApp"工程导入到工作空间。

如图 3-1 所示是 SimpleJavaApp 程序的运行截图。

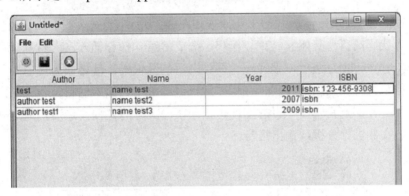

图 3-1　SimpleJavaApp 运行截图

3.3.2 Standalone 模式

Standalone 模式是基础,它允许测试人员使用命令行输入各种命令调用 CodeCover 逐步完成对 SimpleJavaApp 的覆盖测试。通过键入不同的命令,可以帮助大家了解 CodeCover 的基本使用方式,并对其工作过程有更为清晰的认识。

为了可以在命令行中运行 CodeCover 相关命令,需要在实验机器上安装配置 JRE、JDK 1.5 或更高版本。然后,解压 codecover-batch-1.0.tar.bz2 文件(可以从 CodeCover 的官网上下载)到一个路径,设置环境变量 CODECOVER_HOME 的值指向 CodeCover 的解压路径。环境变量设置过程可以参考 2.2.1 节配置 JDK 相关操作。环境变量配置完成后,可以运行如下命令进行检查,输出如图 3-2 所示,确保环境变量设置正确。

```
codecover --help
```

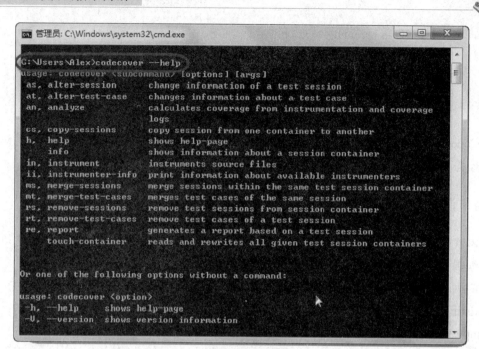

图 3-2　CodeCover 的帮助输出

CodeCover 的 Standalone 模式的工作原理如图 3-3 所示。首先，在不改变源代码功能的基础上，在源代码的所有开始、结束、循环、分支等语句部分插入一些特殊代码，这一过程称为**编排**(Instrument)。然后，**编译**经过编排之后的源代码，使之成为可以运行的程序。接下来，**运行**包含特殊代码的程序，在程序运行过程中，当插入的特性代码被运行时，这些特殊代码将运行信息写入一个日志文件，记录程序执行的过程。最后，通过 CodeCover 对生成的日志文件进行**分析**，输出**报告**。

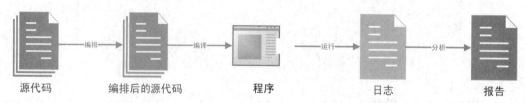

图 3-3　CodeCover 工作原理

所谓编排，是指在程序中插入额外的代码，以获得程序在执行时的行为信息。首先，通过执行如下命令对 SimpleJavaApp 源代码进行编排。

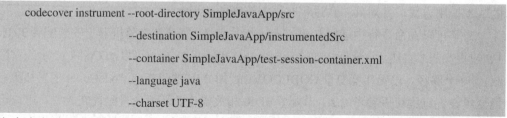

命令中各选项含义如下：

- root-directory：指向将要被编排的源代码的顶级包路径。
- destination：指向编排后生成的源代码的路径。
- container：指向测试会话容器文件，该文件中包含编排代码的静态信息，即收集的覆盖数据。
- language：用来表明被编排源代码所使用的开发语言。
- charset：用来表明源代码的字符集。

命令执行结束后，新的、经过编排的源代码将出现在指定的位置：SimpleJavaApp/instrumentedSrc。此时，原始的源代码会被保留，不会受到影响。但是每次对源代码修改后，需要重新运行上述编排命令，重新对生成的代码进行测试。

此外，该命令执行结束后，还将生成一个包含有源代码静态信息的容器文件：SimpleJavaApp/test-session-container.xml。CodeCover 在分析日志文件时使用该容器文件。

从命令行运行 CodeCover 的 instrument 命令对源代码进行编排，如图 3-4 所示，如果进度条完成 100% 说明没有问题。此处可能遇到的问题，主要是由于路径错误，导致 CodeCover 无法找到原始的源代码。

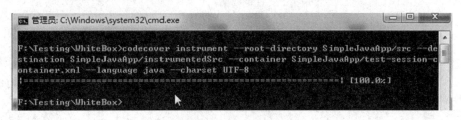

图 3-4　对代码进行编排

命令执行结束后，可以对比编排前后的目录结构，如图 3-5 和图 3-6 所示。编排之后多出了 instrumentedSrc 和 test-session-container.xml 两个文件。

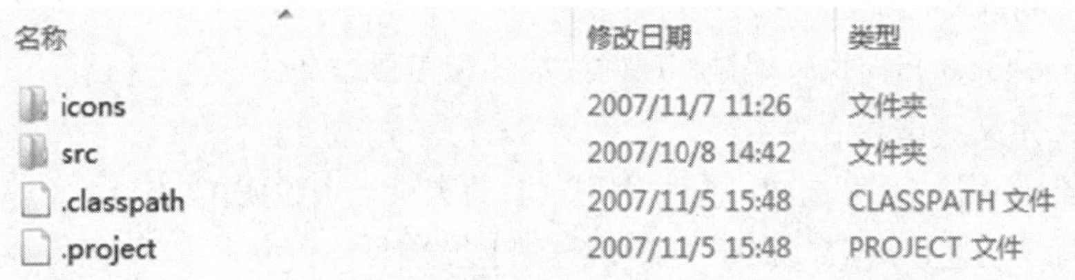

图 3-5　编排前的目录结构

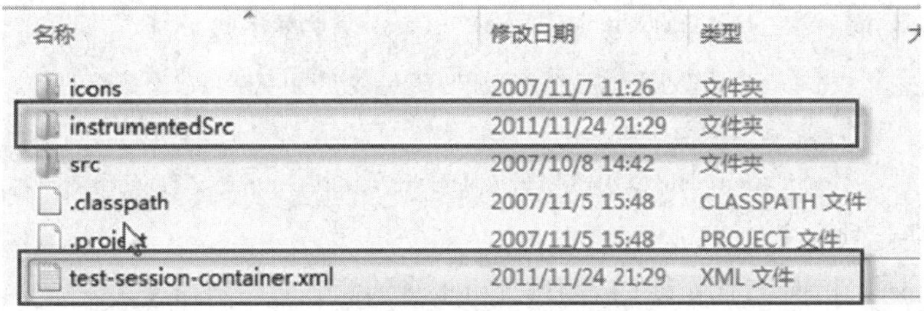

图 3-6　编排后的目录结构

编排后,需要对经过编排的源代码进行编译。对经过编排的源代码的编译需要手工完成。在 instrumentedSrc 目录下执行如下命令:

```
javac -encoding UTF-8 -Xlint:unchecked org\codecover\simplejavaapp\SimpleJavaApp.java
```

在命令行中运行如下命令,运行编译得到的编排程序。

```
java org.codecover.simplejavaapp.SimpleJavaApp
```

执行结束后,在当前目录自动生成一个覆盖日志文件。该文件中记录了程序运行过程中的覆盖测试数据。注意,日志文件的名称会根据时间自动生成,每次运行程序都会生成不同的日志文件,如图 3-7 所示。

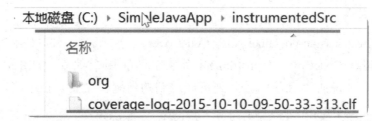

图 3-7 CodeCover 生成的测试日志文件

运行如下命令,将从覆盖日志文件中提取信息填充到测试会话容器文件中。

```
codecover analyze --container SimpleJavaApp/test-session-container.xml
    --coverage-log SimpleJavaApp/instrumentedSrc/coverage-log-2015-10-10-09-50-33-313.clf
    --name TestSession1
    --comment "The first test session"
```

命令中各选项含义如下:

- container:指向在编排过程中创建的测试会话容器文件,覆盖日志文件中提取的覆盖数据将插入到该文件中。
- coverage-log:指向执行编排程序时生成的覆盖日志文件。
- name:定义测试会话的名字。
- comment:是一个可选项,为本次测试会话提供一个说明。

成功执行了上述命令后,将不再需要覆盖日志文件。

在命令行中运行如下命令,CodeCover 可以为测试会话文件中包含的测试会话生成一个报告。

```
codecover report --container SimpleJavaApp/test-session-container.xml
    --destination SimpleJavaApp/report/SimpleJavaAppReport.html
    --session "TestSession1"
    --template CODECOVER_HOME/report-templates/HTML_Report_hierarchic.xml
```

命令中各选项含义如下:

- container:指向一个用来生成测试分析报告的测试会话容器文件。
- destination:指向将要生成的 HTML 格式的测试报告。

- session：指向测试会话容器文件中一个测试会话的名字。
- template：指向用来生成报告所用的 XML 模板文件。

命令执行结束后，会生成一个 HTML 格式的报告。报告中将包括 SimpleJanvaApp 此次运行的覆盖率信息以及对应的源代码信息。

从上述执行过程来看，通过 Standalone 模式运行 CodeCover 可以让我们清晰地了解 CodeCover 的工作机制及过程，但是每次都需要通过命令行键入命令，容易出错且效率较低。为此，CodeCover 提供了 Ant 方式，可以提高执行的效率。特别是对于每天都需要运行的代码覆盖测试任务，这种方式的优势更为明显。

3.3.3　使用 Ant 模式运行程序

如果每次都使用命令行运行 CodeCover 效率极低且容易出错。因此，可以使用 Ant 工具提高测试工作的效率。Ant 是一个开源的构建工具，可以通过编写 XML 文件自动从源代码生成可执行应用程序，其中包括编译、链接、打包、部署等步骤。这些步骤统称为构建，广义上的构建包括：

- 下载依赖；
- 获取源代码；
- 将源代码编译成二进制代码；
- 打包生成的二进制代码；
- 进行单元测试；
- 部署到生产系统。

开发人员通过编写或修改符合特定规则的 Ant 配置文件，可以实现对上述构建过程的定制开发。CodeCover 提供了一套支持 Ant 构建的 XML 格式的文件，用户仅需要修改几个简单的变量就可以实现上一小节的代码覆盖测试并生成测试报告。

首先需要根据实际需要修改 ant-build-codecover2.xml 文件头部变量声明信息。

```xml
<property name="codecoverDir" value="codecover" />
<property name="sourceDir" value="src" />
<property name="instrumentedSourceDir" value="instrumented" />
<property name="mainClassName" value="Test" />
<property name="mainClassName2" value="Test2" />
```

这些变量的含义如下：

(1) codecoverDir：指向 CodeCover 的安装目录，即 CodeCover 解压后的路径，F:/Testing/WhiteBox/codecover-batch-1.0。

(2) sourceDir：被测目标程序的源文件目录，此处是 src。

(3) instrumentedSourceDir：编排之后源代码的存放路径，即 instrumented。

(4) mainClassName、mainClassName2：程序中包含 main 方法主类的完全类名，即

org.codecover.simplejavaapp.SimpleJavaApp，用于运行程序时使用。

由于这个 XML 格式的文件需要让 Ant 运行两次 SimpleJavaApp 程序，所以此处给出了两个 mainClassName，只不过两个主类是相同的内容。

编辑完上述 XML 格式的文件之后，将该文件放在 SimpleJavaApp 源代码目录下，运行如下命令进行代码覆盖测试：

```
ant -f ant-build-codecover2.xml
```

在 XML 中定义了如下目标。第一个是 codecover，如图 3-8 所示，这里使用了前面定义的 codecoverDir 变量，并根据该变量和字符串/lib/codecover-ant.jar 拼接成 codecover 的路径信息。

```
<taskdef name="codecover"
         classname="org.codecover.ant.CodecoverTask"
         classpath="${codecoverDir}/lib/codecover-ant.jar" />
```

图 3-8　Ant 配置文件中定义的 codecover 任务

第二个目标是 clean，如图 3-9 所示，通过运行四个 delete 命令删除容器、日志、报告等文件，主要用来清理覆盖测试的结果。可以通过如下命令单独执行 clean 目标：

```
ant -f ant-build-codecover2.xml clean
```

```
<target name="clean">
  <delete>
    <fileset dir="." includes="*.clf"/>
  </delete>
  <delete file="codecover.xml" />
  <delete file="report.html" />
  <delete dir="report.html-files" />
</target>
```

图 3-9　Ant 配置文件中定义的 clean 任务

第三个目标是 instrument-sources，如图 3-10 所示，用来对源代码进行编排。这里用到了之前定义的 instrumentedSourceDir 和 sourceDir 两个变量。此外，该目标还依赖于 clean 目标，即每次运行 instrument-sources 目标时，Ant 会自动执行 clean 目标。

```
<target name="instrument-sources" depends="clean">
  <codecover>
    <instrument containerId="c" language="java" destination="${instrumentedSourceDir}"
                charset="utf-8" copyUninstrumented="yes">
      <source dir="${sourceDir}">
        <include name="**/*.java" />
      </source>
    </instrument>
    <save containerId="c" filename="codecover.xml" />
  </codecover>
</target>
```

图 3-10　Ant 配置文件中定义的 instrument-sources 任务

第四个目标是 compile-instrumented，如图 3-11所示，用来编译经过编排的源代码。该目标依赖第三个目标，即编译之前首先需要执行编排任务。

第 3 章 代码覆盖测试实例 | 45

```
<target name="compile-instrumented" depends="instrument-sources">
  <javac srcdir="${instrumentedSourceDir}"
         destdir="${instrumentedSourceDir}"
         encoding="utf-8"
         target="1.5"
         debug="true"
         classpath="${codecoverDir}/lib/codecover-instrumentation-java.jar"
         includeAntRuntime="false">
  </javac>
</target>
```

图 3-11　Ant 配置文件中定义的 compile-instrumented 任务

第五个和第六个目标分别是 run-instrumented 和 run-instrumented2，如图 3-12 所示，两个目标的差异仅是生成的日志文件名称不同，即需要将编译后的源程序运行两次，完成两次代码覆盖测试，从而得到两个日志文件。同样的，这两个目标都依赖第四个目标，需要确保已经完成了对编排源代码的编译。

```
<target name="run-instrumented" depends="compile-instrumented">
  <java classpath="${instrumentedSourceDir}:${codecoverDir}/lib/codecover-instrumentation-java.jar"
        fork="true"
        failonerror="true"
        classname="${mainClassName}">
    <jvmarg value="-Dorg.codecover.coverage-log-file=test.clf" />
  </java>
</target>

<target name="run-instrumented2" depends="compile-instrumented">
  <java classpath="${instrumentedSourceDir}:${codecoverDir}/lib/codecover-instrumentation-java.jar"
        fork="true"
        failonerror="true"
        classname="${mainClassName2}">
    <jvmarg value="-Dorg.codecover.coverage-log-file=test2.clf" />
  </java>
</target>
```

图 3-12　Ant 配置文件中定义的 run-instrumented 和 run-instrumented2 任务

最后一个目标是 create-report，如图 3-13 所示，它依赖于上述两个目标，即只有运行完了两次代码覆盖测试之后才能生成测试报告。

```
<target name="create-report" depends="run-instrumented,run-instrumented2">
  <codecover>
    <load containerId="c" filename="codecover.xml" />
    <analyze containerId="c" coverageLog="test.clf" name="Test Session" />
    <analyze containerId="c" coverageLog="test2.clf" name="Test Session 2" />
    <save containerId="c" filename="codecover.xml" />
    <report containerId="c" destination="report.html"
            template="${codecoverDir}/report-templates/HTML_Report_hierarchic.xml">
      <testCases>
        <testSession pattern=".*">
          <testCase pattern=".*" />
        </testSession>
      </testCases>
    </report>
  </codecover>
</target>
```

图 3-13　Ant 配置文件中定义的 create-report 任务

在 XML 格式的文件的开始，如图 3-14 所示，定义了默认目标，即在执行 Ant 命令时，若不指定特定目标，则默认执行 create-report 目标。

```
<project default="create-report">
```

图 3-14 Ant 配置文件中定义的默认执行任务

由于上述描述的目标间的依赖关系，尽管 create-report 是默认的目标，但是最先被执行的会是 clean 目标，然后依次是 instrument-sources、compile-instrumented、run-instrumented、run-instrumented2 和 create-report，如图 3-15 所示。

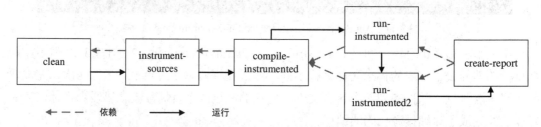

图 3-15 Ant 配置文件中定义的目标间的依赖和执行关系

运行代码覆盖测试的过程如图 3-16 所示。

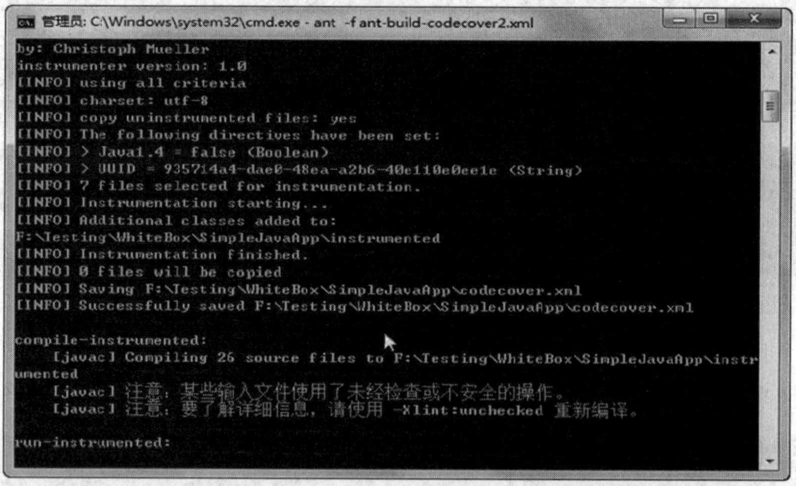

图 3-16 运行代码覆盖测试的过程

CodeCover 在第一次执行被测程序时，可以模拟添加书籍功能，如图 3-17 所示，并计算这一功能执行过程的代码覆盖率。

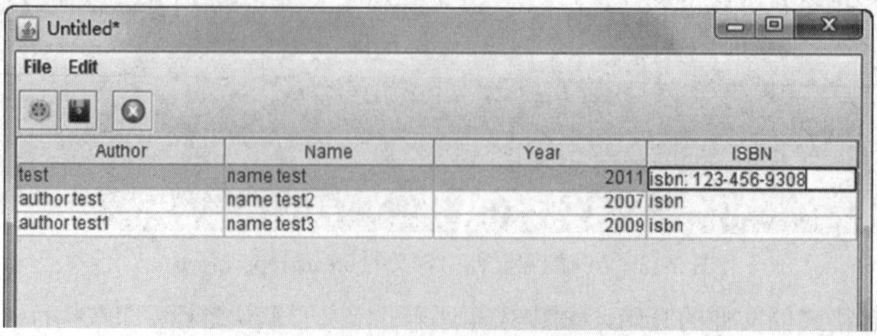

图 3-17 进行添加书籍功能的测试

当 CodeCover 第二次运行被测程序时，将测试打开文件功能时的代码覆盖，如图 3-18 所示。

图 3-18　进行打开文件功能的测试

在第一次测试执行结束后，直接关闭 SimpleJavaApp 程序即可，Ant 将自动打开 SimpleJavaApp 提供第二次测试。当两次测试执行结束之后，Ant 将退出并打印相关信息，如图 3-19 所示。

图 3-19　Ant 完成 CodeCover 测试任务

运行结束之后，Ant 将自动生成如下所示的代码覆盖测试报告，如图 3-20 所示。

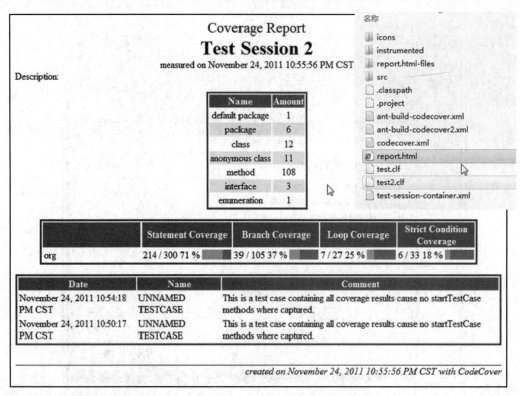

图 3-20　CodeCover 生成的测试报告

Ant 方式对于测试人员和集成人员来讲十分方便，可以编写一次 XML 格式的文件实现多次重复测试，简化了测试的流程。如果与其他代码持续集成工具配合，可实现更为自动化的功能。但是对于开发者而言，他们希望可以在第一时间了解覆盖测试的情况，并且最好可以同开发环境相结合。为此，CodeCover 为 Java 程序的开发人员提供了 Eclipse 插件，方便在 Eclipse 开发和测试时直接使用。

3.3.4　Eclipse 插件模式

通过 CodeCover 提供的插件，程序员可以在开发过程中直接进行覆盖白盒测试，并且可以通过不同颜色的划分更为直观地在 Eclipse 中看到代码覆盖测试运行的结果。插件模式的工作原理与前面两种方式不同，它基于 Java 提供的 JMX 实现。

JMX(Java Management Extensions，即 Java 管理扩展)是一个为应用程序、设备、系统等植入管理功能的框架。JMX 可以跨越一系列异构操作系统平台、系统体系结构和网络传输协议，灵活地开发无缝集成的系统、网络和服务管理应用。

如图 3-21 所示，JMX 的体系结构分为以下三层：

(1) 基础层：主要是 MBean，被管理的资源。

(2) 适配层：MBeanServer，主要是提供对资源的注册和管理。

(3) 接入层：提供远程访问的入口。

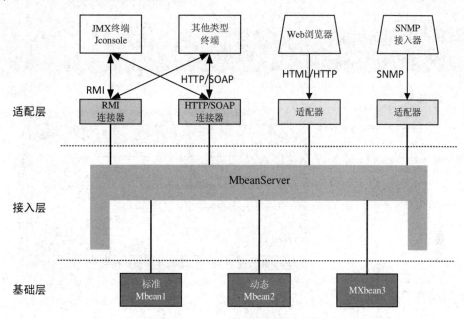

图 3-21　JMX 体系结构

在 Eclipse 中，通过给运行工程的 Java 虚拟机配置 JMX 访问选项，使得 Eclipse 可以通过接入层监视工程的运行状态，从而了解代码的执行情况，获取代码覆盖信息。

为了能够在 Eclipse 中使用 CodeCover，首先需要在 Eclipse 开发环境中安装配置 CodeCover 插件。启动 Eclipse，从 Eclipse 主菜单中选择"Help"菜单下的"Install new Software..."，如图 3-22 所示。

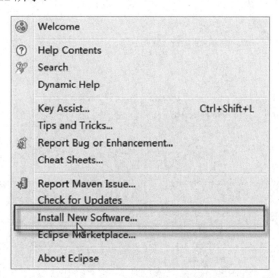

图 3-22　为 Eclipse 安装插件

在弹出的对话框中单击"Add..."按钮创建一个升级站点，在弹出的 Add Repository 对话框中键入如下站点名称和 URL 地址信息,单击"OK"按钮完成升级站点添加,如图 3-23 所示。

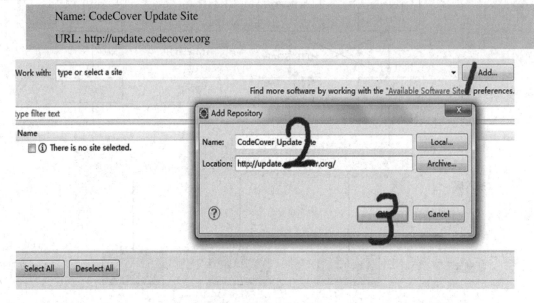

图 3-23 添加 Repository

然后,在下拉列表中选择刚刚添加的升级站点"CodeCover Update Site"。在升级站点提供的用于升级安装的特性列表中,选中"CodeCover"特性后,单击"Next"按钮继续,如图 3-24 所示。

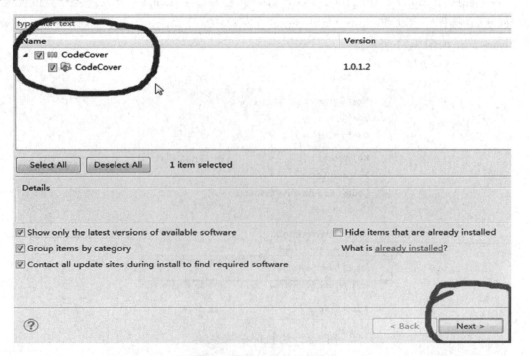

图 3-24 选择安装的插件内容

下载完成后，Eclipse 将询问一系列关于证书和安装的问题，并在完成安装后提示重启 Eclipse 系统，如图 3-25 所示。

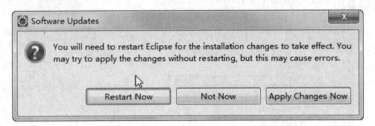

图 3-25　新的插件安装成功之后需要重启 Eclipse

重启后，需要打开 Properties，检查列表中是否有 CodeCover 这一选项，从而确认 CodeCover 特性是否启用成功。在确保 CodeCover 插件安装成功之后，需要导入目标应用，即将 SimpleJavaApp 的源代码导入到 Eclipse 开发环境中。

首先，单击打开"File"菜单，选择"Import..."选项，如图 3-26 所示。

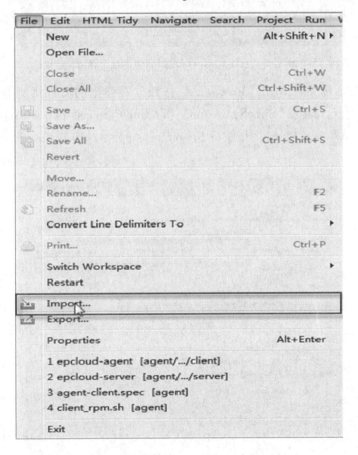

图 3-26　向 Eclipse 中导入项目

在弹出的对话框中选择"Existing Projects into Workspace"，单击"Next"按钮，如图 3-27 所示。

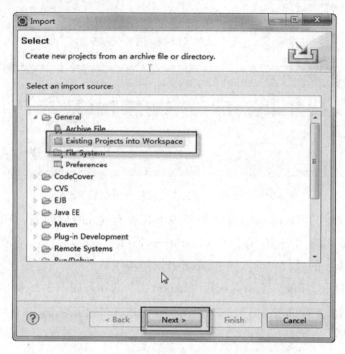

图 3-27 导入一个已经存在的项目到工作空间

在弹出的对话框中,单击"Browse…"按钮,在弹出的文件浏览器对话框中选中 SimpleJavaApp 目录,确保"SimpleJavaApp"和"Copy projects into workspace"前的两个复选框被选中,并单击"Finish"按钮将 SimpleJavaApp 导入到 Eclipse 开发环境中,如图 3-28 所示。

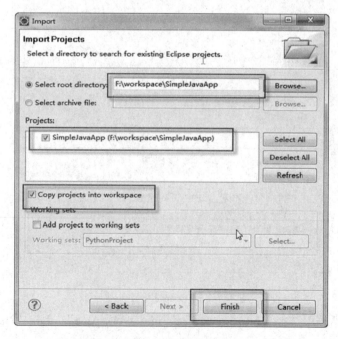

图 3-28 完成项目导入

打开"SimpleJavaApp"项目属性对话框,如图 3-29 所示,并选择 CodeCover 分类。

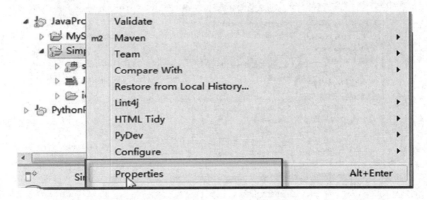

图 3-29　打开项目属性对话框

选中 CodeCover 特性前面的复选框,如图 3-30 所示,并选择需要进行代码覆盖测试的内容,单击"OK"按钮给源程序加入 CodeCover 特性。

图 3-30　选中 CodeCover 特性前面的复选框

打开包浏览视图,定位到"SimpleJavaApp"工程的源文件目录。右键单击该工程,在弹出的菜单中选择"Use For Coverage Measurement"项,如图 3-31 所示。

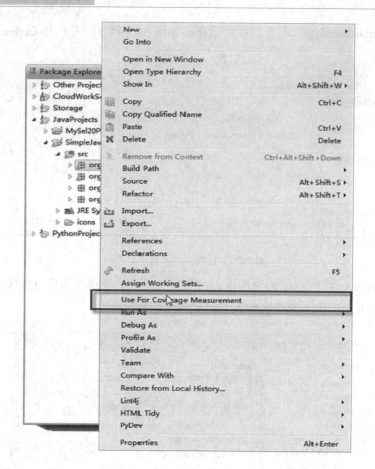

图 3-31 选择"Use For Coverage Measurement"项

单击"Run"菜单,选择"Run Configurations..."项,如图 3-32 所示。

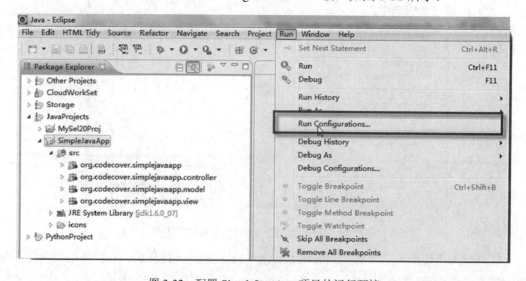

图 3-32 配置 SimpleJavaApp 项目的运行环境

打开"Run Configuration"对话框，然后单击左上角方框中光标所指位置的图标即"New launch configuration"按钮，创建一个运行环境配置，如图 3-33 所示。

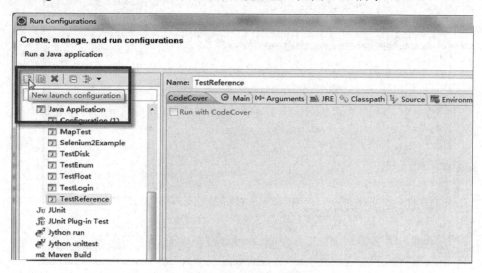

图 3-33　创建以下新的运行环境

在弹出的对话框中，配置项名字填写"SimpleJavaApp"，单击"Search…"按钮，定位得到工程的主类，如图 3-34 所示。

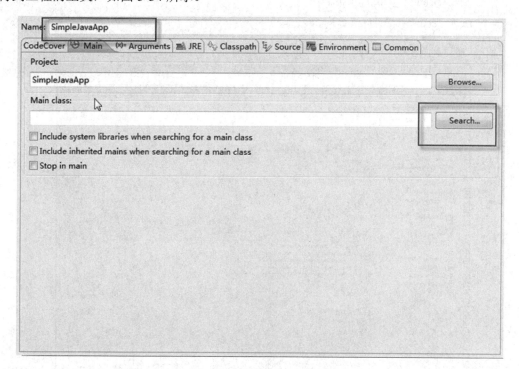

图 3-34　定位包含 main 方法的主类

选择含有 main 方法的主类 org.codecover.simplejavaapp，单击"OK"按钮，如图 3-35 所示。

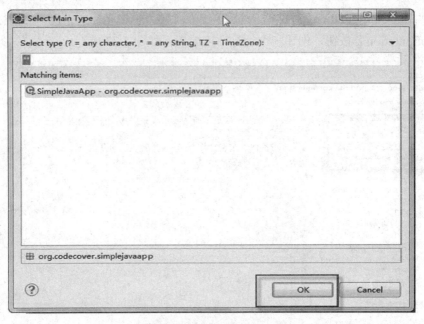

图 3-35 选中可以运行的主类

打开"Arguments"选项卡,如图 3-36 所示,在 VM arguments 输入框中填写如下内容:

-Dcom.sun.management.jmxremote

-Dcom.sun.management.jmxremote.port=1234

-Dcom.sun.management.jmxremote.ssl=false

-Dcom.sun.management.jmxremote.authenticate=false

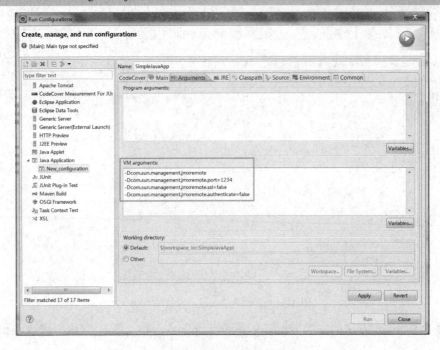

图 3-36 配置 Java 虚拟机参数

其中，第一个参数设置工程的 Java 虚拟机打开 JMX 远程访问接口，第二个参数设置该接口远程访问的端口是 1234，另外两个参数分别设置该远程访问不需要进行 SSL 加密以及认证。

设置完成后，在 CodeCover 选项卡中选中"Run with CodeCover"复选框，单击"Run"按钮运行 SimpleJavaApp，如图 3-37 所示。

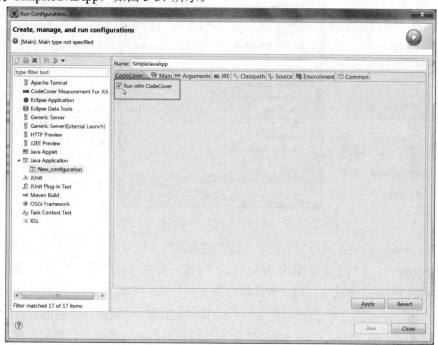

图 3-37　设置运行环境中使用 CodeCover

SimpleJavaApp 运行时，再返回 Eclipse，打开可以通过 JMX 远程访问 SimpleJavaApp 运行情况的视图。为此，需要在 Window 菜单中选择"Open Perspective"下的"Other…"项，如图 3-38 所示。

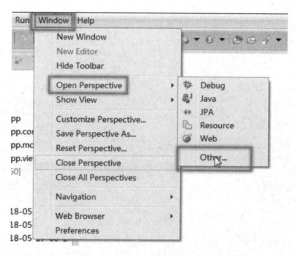

图 3-38　将 Eclipse 切换到其他透视图

选择 CodeCover 透视图，单击"OK"按钮。此时，Eclipse 将切换透视图，其中将包含可以连接 MBeanServer 的视图，如图 3-39 所示。

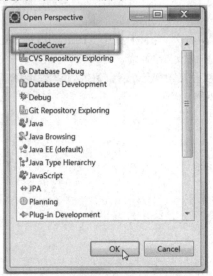

图 3-39　选择切换到 CodeCover 透视图

在 Live Notification 在线通知视图中，键入代表本机主机名的"localhost"以及之前配置的用于远程访问端口"1234"。单击"Connect"按钮，如图 3-40 所示，激活在线通知功能。

在 CodeCover 的测试中，每次代码覆盖测试被称为一个测试会话(Test Session)，一个测试会话又是由一个或多个测试用例(Test Case)组成的。其中，测试会话是根据时间命名的，测试用例可以通过在"Test Case Name"输入框中键入的字符串命名。例如，图 3-41 中键入了"OpenFile"，然后单击"Start Test Case"按钮，则后续 Java 虚拟机传回的代码执行信息将自动被计入名为"OpenFile"的测试用例中。

图 3-40　通过 JMX 连接运行的 Java 虚拟机　　　　图 3-41　创建测试用例

在在线通知视图下出现"Started test case."后,程序员可以根据测试用例设计内容进行相应功能模块的测试,如图 3-42 所示。

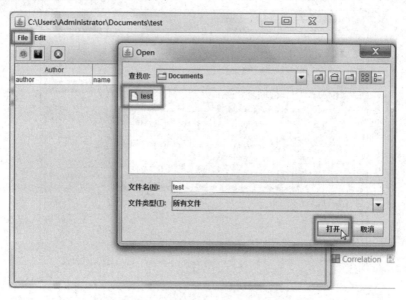

图 3-42　运行测试用例—打开文件

当这一功能点测试完成后,单击"End Test Case"按钮结束这一测试用例。在开始一个新的测试用例之前,通过 Java 虚拟机 JMX 接口获得的代码执行信息将不会被记录,直到用户再次单击"Start Test Case"按钮。注意,开始一个新的测试用例之前,需要为新的测试用例键入一个新的名称。启动一个新的"DeleteBook"测试用例,在测试用例名称输入框中键入"DeleteBook",如图 3-43 所示。

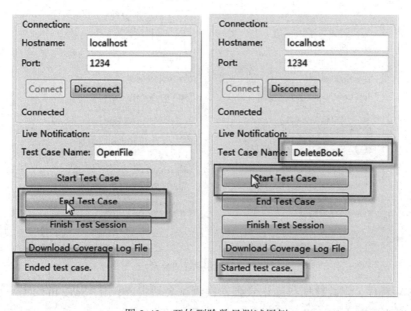

图 3-43　开始删除数目测试用例

同样的，根据需要运行 DeleteBook 测试用例。可以通过按钮或菜单实现删除功能，如图 3-44 所示。

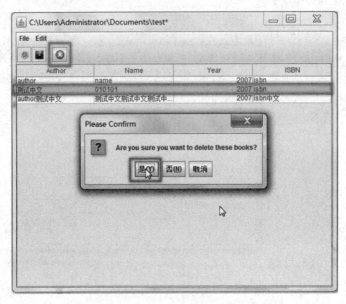

图 3-44　运行测试用例—删除数目

当所有的测试用例均被执行后，单击"Finish Test Session"按钮，将结束本次代码覆盖测试，如图 3-45 所示。

图 3-45　结束测试会话

结束应用程序，测试数据自动记录到本次测试会话中。单击"Save the active test session container"按钮保存本次测试数据，如图 3-46 所示。

第 3 章 代码覆盖测试实例

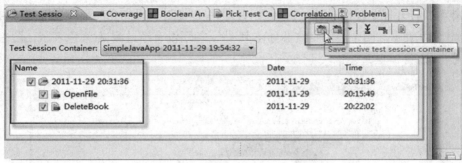

图 3-46 保存本次测试数据

切换到 Coverage 标签，可以看到选中的测试用例中不同包和类的语句覆盖、分支覆盖、循环覆盖等指标的覆盖率，如图 3-47 所示。

图 3-47 查看覆盖测试结果

此外，还可以看到"Boolean Analyzer"和"Correlation"标签，查看到布尔分析和测试用例关联性信息，如图 3-48 所示。

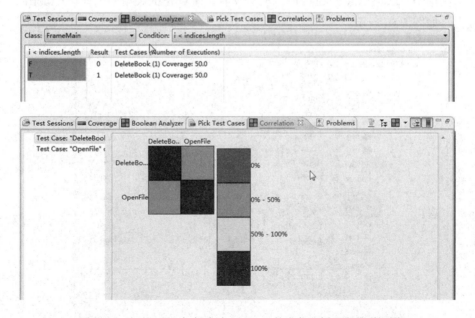

图 3-48 在 Eclipse 中查看 CodeCover 的布尔分析器和关联视图

此外，当打开程序源代码时，CodeCover 也可以通过代码高亮的形式展现哪些语句通过了测试(绿色表示，图中浅色底纹部分)，哪些语句还没有经过测试(红色表示，图中深色底纹部分)，如图 3-49 所示。

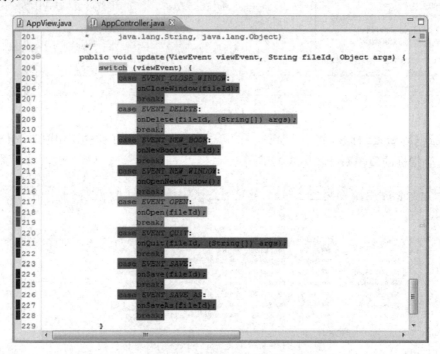

图 3-49　在源程序中查看代码覆盖测试的详细内容

同样的，这种插件模式也支持将测试结果以 HTML 格式导出生成测试报告。在工程视图中，右键单击"test-session-container.xml"文件，在弹出的菜单中选择"Export…"导出测试报告，如图 3-50 所示。

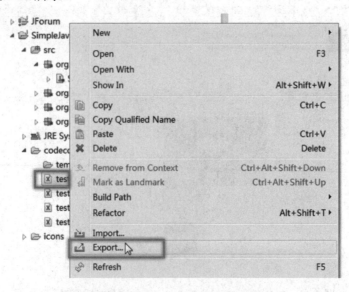

图 3-50　准备导出 CodeCover 测试结果

如图 3-51 所示，选中"Coverage Result Export"，单击"Next"按钮继续导出覆盖测试结果。

图 3-51　导出 CodeCover 测试结果

在测试会话容器下拉列表中，选中需要导出的测试会话，然后选择类型为报告"Report"，单击"Browse"按钮定位到输出的文件，确保目标文件的后缀是"html"，而不是"xml"。单击"Next"按钮继续，如图 3-52 所示。

图 3-52　将 CodeCover 测试结果以报告形式导出

单击"Browse"按钮,进入 CodeCover 安装路径下的模板目录,选择"xml"类型的模板文件,单击"Finish"按钮。在弹出的对话框中单击"OK"按钮完成导出,如图 3-53 所示。

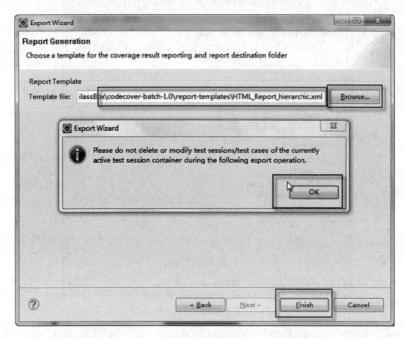

图 3-53　选择生成报告所使用的模板

最后,根据测试用例执行情况分析输出的测试报告,如图 3-54 所示。

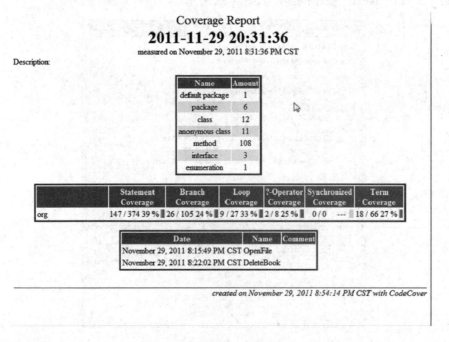

图 3-54　查看导出的测试报告

思 考 题

1. 根据测试报告结果，分析哪部分代码没有被测试到，通过什么测试活动可以覆盖这部分源代码？

2. CodeCover 进行代码覆盖测试有几种运行方式，分别是什么？这些工作方式中，用于获取代码执行信息的手段有几种，分别是什么？

3. 阐述 JMX 的工作原理，以及 CodeCover 的 Eclipse 插件工作的机制。

4. 影响代码覆盖率的因素有哪些？同一系统功能，采用不同的数据测试多次，是不是一定会提高代码覆盖率，为什么？

5. 如何提升语句覆盖、分支覆盖、条件覆盖的覆盖率？

第 4 章 单元测试实例

4.1 单元测试的目标

单元测试是白盒测试的一种，是指对软件中的最小可测试单元进行检查和验证的测试活动。对于单元测试中单元的含义，一般来说，要根据实际情况去判定其具体含义，如 C 语言中单元指一个函数，Java 中单元指一个类，图形化的软件中单元可以指一个窗口或一个菜单等。总的来说，单元就是人为规定的最小的被测功能模块。单元测试是在软件开发过程中要进行的最低级别的测试活动，软件的独立单元将在与程序的其他部分相隔离的情况下进行测试。

目前，对于像**敏捷开发**、**持续交付**、**测试驱动开发**(Test Driven Development，TDD)等流行的开发模式，无一例外地将单元测试作为基础。可见，单元测试具有其特殊的魅力。单元测试可以帮助程序员提升构成复杂系统的最小单元的正确性，从而可以提升代码质量，为系统集成节省时间。此外，单元测试还可以快速定位 Bug，减少调试时间。更为重要的是，经过单元测试的代码单元，可以快速被用于代码重构。

本章将向读者介绍面向 Java 语言的单元测试框架 JUnit 以及其使用方法，从而达到以下目标：

- 熟练掌握单元测试技术；
- 可编写相关测试用例；
- 学习 JUnit 单元测试框架的使用；
- 掌握 Eclipse 中进行单元测试的方法。

4.2 JUnit 简介

JUnit 是一个 Java 编程语言的单元测试框架，由 Erich Gamma 和 Kent Beck 编写。JUnit 在测试驱动的开发方面有很重要的作用，它是起源于 Java 的一个统称为 xUnit 的单元测试框架。其中 JUnit 前面的字母 J 代表的是面向 Java 语言的单元测试框架。

JUnit 促进了"先测试后编码"的理念，强调建立测试数据的一段代码，可以先测试，然后再应用。JUnit 增加了程序员的产量和程序的稳定性，可以减少程序员的压力和花费在排错上的时间。JUnit 具有如下特点：

(1) JUnit 是一个开放的资源框架，用于编写和运行测试；

(2) 提供注解(Annotation)来识别测试方法，使得程序代码清晰简洁，提高了编写效率和灵活性；

(3) 提供断言(Assert)来预测结果，方便实现对各种类型数据的比较，也可以自己扩展比较类型；

(4) JUnit 测试可以自动运行并且检查自身结果，提供即时反馈，方便自动梳理测试结果并形成报告，还可与其他程序和框架集成；

(5) 可以与 Eclipse 这样的开发平台集成。

程序员使用 JUnit 框架可以快速编写单元测试用例，实现对程序单元正确性的测试。单元测试用例用一部分代码来确保另一部分代码(对于程序实际有效的功能代码)按预期目标工作。

如果将被测试单元代码看做一个函数：

$$Y = f(X)$$

给定已知输入 X，就有一个预期输出 Y，即在测试执行前根据需求就已经预测到输出结果。每一项需求至少需要两个单元测试用例：一个正检验，一个负检验。正检验是给定正确的输入 X，单元测试用例会调用被测试单元，得到一个实际的输出 Y'，最后通过判断确定程序得到的 Y' 与预期输出的 Y 是否相同。负检验是给定错误的输入 X'，检验被测单元是否会输出相应的结果。

4.3 单元测试设计

在进行用户需求分析的时候，需要明确所有的系统功能；进一步在概要设计和详细设计阶段，需要将较为宏观的系统功能分解为数个简单可实现的模块，每个模块的具体功能可以清晰鉴定。此时，程序员可以通过编码实现一个或多个模块。当然，程序员在实现过程中可能进一步将模块细分为若干个函数、类、方法，此时这些实现了某一特定功能的函数、类、方法就构成了若干个单元。

在敏捷开发、持续交付、测试驱动开发等理念指导下，推荐在开始编写实现代码之前，首先设计单元测试用例，即为每个具体的单元设计对应的输入测试数据和输出预期结果。此时，可以借鉴黑盒测试理论中的等价类、边界值等方法设计测试用例。下面一节我们将以一个字符串转换功能为例，向读者介绍单元测试的分析、设计、实现以及执行过程。

在本例中，需要实现一个字符串转换功能，该功能可以实现从符合 Java 语言的驼峰式变量命名规范的字符串到符合数据库命名规则的字符串的转换。其中，对于表达某一具体含义的变量、对象、表等实体的名称,Java 语言中将构成这一含义的若干单词以首字符的形式连接在一起,构成命名规范如学生姓名这个变量,使用 Java 语言的命名规范为 studentName;而对于数据库中表名和变量名的命名规范而言,对应的书写为 student_name。这一字符串处理函数就是要实现从输入 studentName 到输出 student_name 的转换。

在编写实现这一功能的代码之前,首先需要思考如何设计对应的单元测试用例,即需要开发人员尽可能全面地考虑各种可能的输入情况,以确保在这些输入情况下,字符串处理功能可以得到预期的结果。上面的 studentName 只是一种最为常见的情况,除此之外还需要考虑其他可能的输入情况。

在下一节中,我们将详细介绍这一过程。

4.4 单元测试过程

目前,新发行的 Eclipse 中基本都已经预装了 JUnit 插件,可以直接使用。如果未安装 JUnit 插件,则需要手工安装 JUnit 插件才能完成本节后续内容。

4.4.1 创建 Eclipse 工程

首先,我们需要新建一个标准的 Java 工程。在 Eclipse 的"File"菜单中选择"New",再选择"Other"选项,如图 4-1 所示。

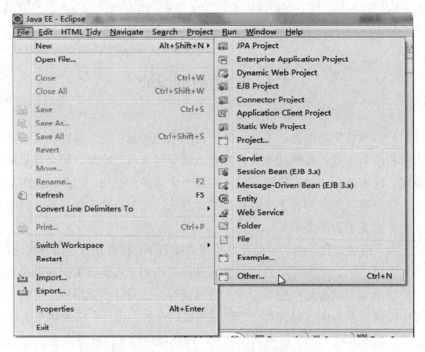

图 4-1 新建一个 Java 工程

在新建工程向导中,选择"Java Project",单击"Next"按钮继续,如图4-2所示。

图 4-2　选择 Java Project

在弹出的对话框中,输入项目名称:coolJUnit,选择 JRE 版本,单击"Finish"按钮完成创建。

注意:如果需要使用 JUnit 4 及以上版本,Java 运行时环境需要选中 1.5 以上版本。此处,我们选择使用 JavaSE-1.6 版本,如图 4-3 所示。

图 4-3　输入项目基本信息

4.4.2 创建一个被测试类 WordDealUtil

接下来我们就可以新建一个类 WordDealUtil，用于实现字符串处理功能。在项目包管理视图中，右键单击 src 目录，选择"New"菜单下的"Class"，新建一个 Java 类，如图 4-4 所示。

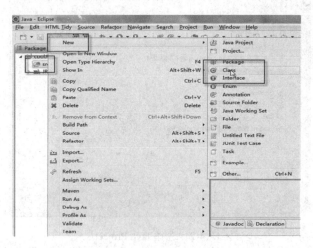

图 4-4　新建一个 Java 类

在弹出的对话框中输入包名 cn.edu.cuit.cooljunit 和类名 WordDealUtil，单击"Finish"按钮完成创建，如图 4-5 所示。

图 4-5　输入 Java 类基本信息

键入如图 4-6 所示的源代码，保存。

```java
package cn.edu.cuit.cooljunit;

import java.util.regex.Matcher;
import java.util.regex.Pattern;

/**
 * 对名称、地址等字符串格式的内容进行格式检查 或者格式化的工具类
 *
 * @author Tiejun Wang
 */
public class WordDealUtil {
    /**
     * 将Java对象名称（每个单词的头字母大写）按照数据库命名的习惯进行格式化
     * 格式化后的数据为小写字母，并且使用下划线分割命名单词
     *
     * 例如：employeeInfo 经过格式化之后变为 employee_info
     *
     * @param name
     *          Java对象名称
     */
    public static String wordFormat4DB(String name) {
        Pattern p = Pattern.compile("[A-Z]");
        Matcher m = p.matcher(name);
        StringBuffer sb = new StringBuffer();
        while (m.find()) {
            m.appendReplacement(sb, "_" + m.group());
        }
        return m.appendTail(sb).toString().toLowerCase();
    }
}
```

图 4-6　输入被测程序 WordDealUtil 的源代码

为了在该工程中使用 JUnit 框架，需要对该工程扩展 JUnit 支持。在包浏览视图中，右键单击工程 coolJUnit，选择 Properties，打开工程 coolJUnit 的属性页。在弹出窗口中选择"Java Build Path"选项，在对应的右侧窗口中打开"Libraries"选项卡，单击选中"Add Library…"按钮，如图 4-7 所示。

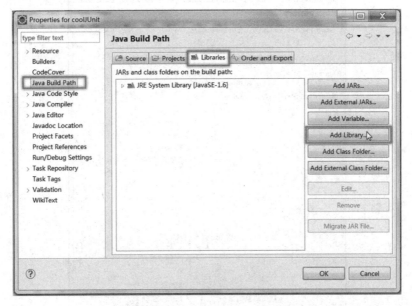

图 4-7　为 Java 工程添加依赖库

在弹出的"Add Library"对话框中选择"Junit",单击"Next"按钮继续,如图4-8所示。

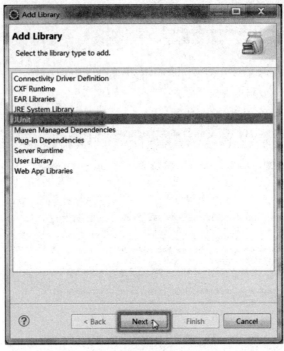

图4-8 添加JUnit库支持

在下一页的下拉列表中选择JUnit版本"JUnit 4",然后单击"Finish"按钮,如图4-9所示。

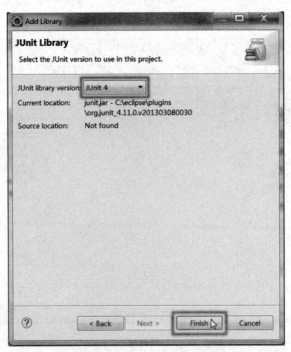

图4-9 选择JUnit 4版本的库

在"Libraries"选项卡中看到出现的 JUnit 4 库的内容，如图 4-10 所示，单击"OK"按钮退出。

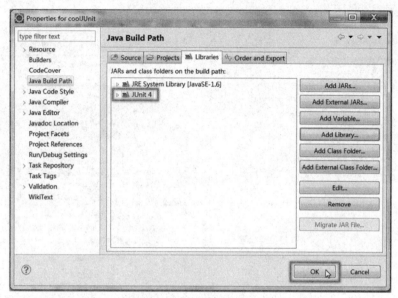

图 4-10　完成 JUnit 4 库支持

退出后，同样在工程视图中，coolJUnit 项目下也会出现 JUnit 4 的库信息，如图 4-11 所示。

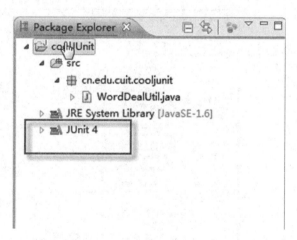

图 4-11　JUnit 4 库出现在包管理器视图中

4.4.3　加入单元测试代码并测试

因为单元测试代码不会出现在最终产品中，所以通常不会将单元测试代码和被测试代码混在一起，以免造成混乱。建议分别为单元测试代码与被测试代码创建单独的目录，并确保单元测试代码和被测试代码使用相同的包名。这样既保证了代码的分离，同时又保证了查找的方便。遵照这条原则，我们在项目 coolJUnit 根目录下添加一个新目录 test，并把它加入到项目源代码目录中。

右键单击工程,在"New"菜单下选择"Source Folder",为工程创建一个新的源代码目录,如图所示。

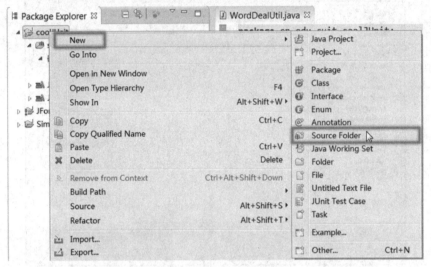

图 4-12　为工程添加源代码目录

如图 4-13 所示,在新创建的源代码目录 test 下创建一个测试类。右键单击 test 源代码路径,创建一个 TestWordDealUtil 测试类。

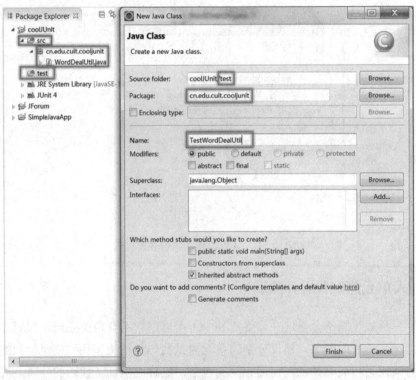

图 4-13　添加单元测试类

此时保证 TestWordDealUtil 类的包名和被测试类 WordDealUtil 保持一致。接下来，如图 4-14 所示编写测试内容。

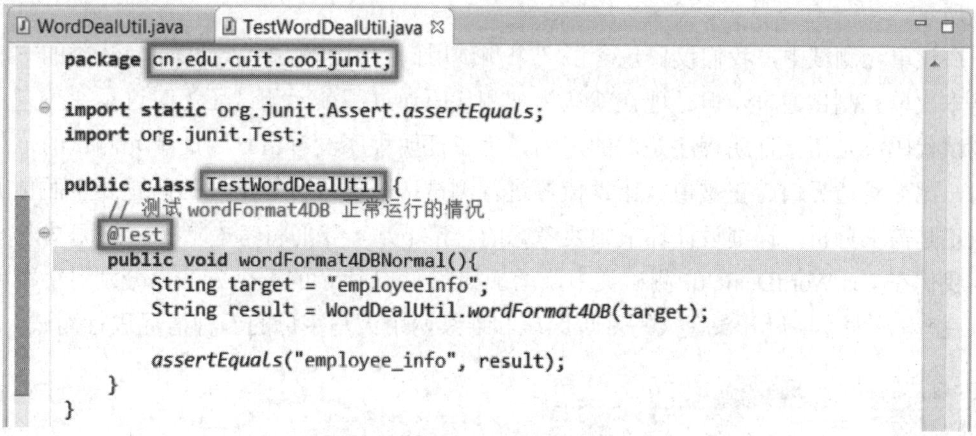

图 4-14　单元测试测试类的源代码

在编写单元测试的方法时，需遵守如下书写规范：
(1) 测试方法必须使用注解 org.junit.Test 修饰，即@Test；
(2) 测试方法必须使用 public void 修饰符，且不能带有任何参数。

测试方法中要处理的字符串为"employeeInfo"，按照需求规定，处理后的结果应该为"employee_info"。此处，断言 assertEquals 是由 JUnit 提供的一系列判断测试结果是否正确的静态断言方法(位于类 org.junit.Assert 中)之一，我们使用它将执行结果 result 和预期值"employee_info"进行比较，来判断测试是否成功。

编写完测试用例之后，在工程视图中，右键单击"TestWordDealUtil"类，依次选择"Run As"、"JUnit Test"，运行该单元测试用例，如图 4-15 所示。

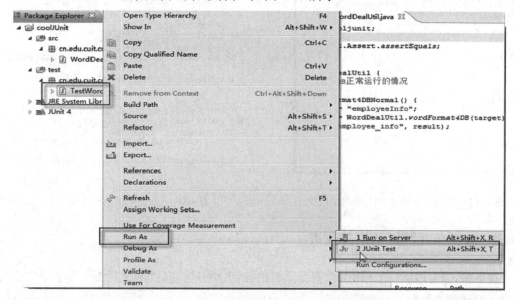

图 4-15　配置 JUnit 单元测试运行环境

在测试用例运行过程中，Eclipse 会自动切换到 JUnit 透视图。在该透视图中，包含一个可以显示单元测试用例结果的视图，其上的绿色进度条提示我们测试运行通过了，如图 4-16 所示。

在该单元测试中，我们仅仅包含了一个测试用例，用来测试 WordDealUtil 类的方法。虽然本次单元测试通过，但是现在就认为被测代码通过了单元测试还为时过早。注意，单元测试代码不是用来证明程序是对的，而是为了证明程序没有错。因此单元测试的范围要全面，比如对边界值、正常值、错误值等进行测试；对代码可能出现的问题要全面预测，这也正是需求分析、详细设计环节中要考虑的。接下来，我们将考虑增加新的测试内容。

我们在 TestWordDealUtil 测试类中，增加如图 4-17 所示的五个方法，分别对字符串为 null、空串、大写字母开头、大写字母结尾和连续两个大写字母的五种情况进行测试。

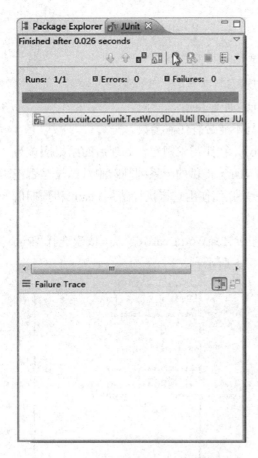

图 4-16　只有一个测试方法的测试结果　　　　图 4-17　添加新的单元测试方法

4.4.4　分析单元测试结果并改进

接下来，再次运行测试用例，查看原有的被测试程序在新的测试用例下是否可以通过测试。测试结果如图 4-18 所示。

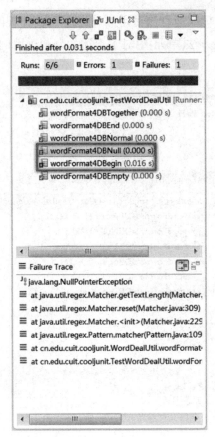

图 4-18 单元测试结果

JUnit 视图中的运行结果提示，有两个测试用例未通过：

（1）对于大写字母位于字符串开始位置时，得到的输出结果与预期的有偏差，造成测试失败(failure)；

（2）对于测试字符串为 null 时的处理，源程序则直接抛出了异常——测试错误(error)。

显然，被测试代码中并没有对首字母大写和 null 这两种特殊情况进行处理，因此需要修改源代码中存现的 Bug。

按照如图 4-19 所示的方式，首先加入对字符串 name 是否为 null 的判断；然后在 while 循环中加入对首字母大写的情况进行判断的语句。

```java
public static String wordFormat4DB(String name) {
    if (name == null) {
        return null;
    }
    Pattern p = Pattern.compile("[A-Z]");
    Matcher m = p.matcher(name);
    StringBuffer sb = new StringBuffer();
    while (m.find()) {
        if (m.start() != 0)
            m.appendReplacement(sb, ("_" + m.group()).toLowerCase());
    }
    return m.appendTail(sb).toString().toLowerCase();
}
```

图 4-19 修改被测程序源代码

完成修改后，保存之后再次运行测试用例。此时，JUnit 视图的测试结果显示所有测试用例都通过了测试。表示该方法(单元)中对于上述六个测试用例没有 Bug 存在，如图 4-20 所示。

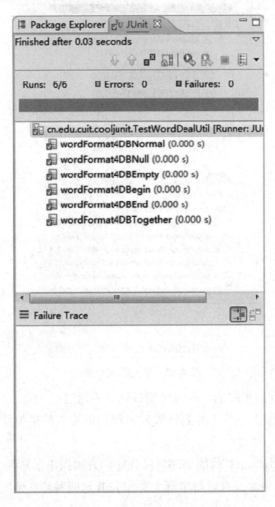

图 4-20 修改之后的测试结果

4.4.5 优化单元测试代码

我们发现上述测试用例中六个方法的代码结构类似，主要完成对不同输入数据相应输出结果与预期结果的匹配。每次增加一个测试数据，都需要为其编写一个单独的方法，代码量多。为此，JUnit 提供了一种参数化方式，可以帮助我们大幅减少重复性代码。

在使用 JUnit 的参数化测试编写测试代码时，需考虑如下因素：

(1) 需要为准备使用参数化测试的测试类，指定一个特殊的运行器 org.junit.runners.Parameterized；

(2) 为测试类声明几个变量，分别用于存放期望值和测试所用数据；

(3) 为测试类声明一个使用注解 org.junit.runners.Parameterized.Parameters 修饰的，返回值为 java.util.Collection 的公共静态方法，并在此方法中初始化所有需要测试的参数；

(4) 为测试类声明一个带有参数的公共构造函数，并在其中为第二个环节中声明的几个变量赋值；

(5) 编写测试方法，使用定义的变量作为参数进行测试。

通过参数化实现的新版本的测试类代码，如图 4-21 所示。

```java
package cn.edu.cuit.cooljunit;

import static org.junit.Assert.assertEquals;
import java.util.Arrays;
import java.util.Collection;
import org.junit.Test;
import org.junit.runner.RunWith;
import org.junit.runners.Parameterized;
import org.junit.runners.Parameterized.Parameters;

@RunWith(Parameterized.class)
public class TestWordDealUtilWithParam {
    private String expected;
    private String target;

    @Parameters
    public static Collection words() {
        return Arrays.asList(new Object[][] {
                { "employee_info", "employeeInfo" },    // 测试一般的处理情况
                { null, null },                          // 测试 null 时的处理情况
                { "", "" }, { "employee_info", "EmployeeInfo" },  // 测试当首字母大写时的情况
                { "employee_info_a", "employeeInfoA" },  // 测试当尾字母为大写时的情况
                { "employee_a_info", "employeeAInfo" }   // 测试多个相连字母大写时的情况
        });
    }

    /**
     * 参数化测试必须的构造函数
     *
     * @param expected
     *            期望的测试结果，对应参数集中的第一个参数
     * @param target
     *            测试数据，对应参数集中的第二个参数
     */
    public TestWordDealUtilWithParam(String expected, String target) {
        this.expected = expected;
        this.target = target;
    }

    /**
     * 测试将 Java 对象名称到数据库名称的转换
     */
    @Test
    public void wordFormat4DB() {
        assertEquals(expected, WordDealUtil.wordFormat4DB(target));
    }
}
```

图 4-21 使用参数化精简后的单元测试代码

将参数化精简之后的测试用例版本，在 Eclipse 中再次运行测试用例，如图 4-22 所示。

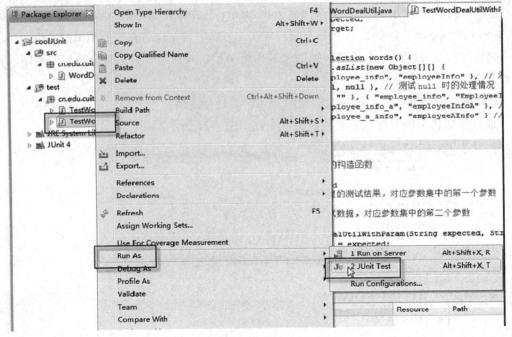

图 4-22　在此运行单元测试

在 JUnit 视图中检查此次测试运行的结果，如图 4-23 所示。由于本次被测源代码没有改变，只简化了测试用例代码，因此结果不会发生变化。此时，我们可以发现单元测试用例代码量大幅缩减。今后如果需要扩充被测数据，仅需要增加集合中的元素即可，不需要对测试用例代码做大量改动。极大地提高了测试用例编写的效率。

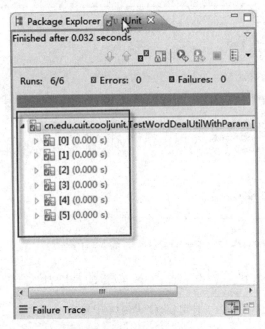

图 4-23　精简之后单元测试的运行结果

需要注意的是，即使通过了单元测试，依然无法确保被测程序是完全正确的。

思 考 题

1. 什么情况下可以使用参数化的单元测试用例编码方式？
2. 请思考，如果在编写单元测试用例时，需要依赖他人的代码或其他模块，而他人的代码或模块还没有实现，该如何进行？
3. 为什么说即使通过了单元测试，依然无法确保程序的正确性？
4. Java 语言在哪个版本开始提供注解功能？思考注解功能如何实现，以及如何自定义自己的注解。
5. 除了 JUnit 单元测试框架之外，还有哪些单元测试框架？

第 5 章 黑盒测试实例

5.1 黑盒测试的目标

第 3 章和第 4 章介绍的两种测试方法都属于白盒测试,本章我们将介绍黑盒测试使用的相关工具和测试方法。

黑盒测试又称功能测试,它是通过测试来检测每个功能是否都能正常使用。在测试中,把被测目标系统看作一个不透明的黑盒子,在完全不考虑被测目标系统内部结构和内部特性的情况下,在被测目标系统接口(GUI 或 API 接口)进行测试,它只检查被测目标系统是否实现了软件需求规格说明书中描述的所有功能,以及是否能适当地接收输入数据而产生对应的输出信息。黑盒测试着眼于被测目标系统外部结构,不考虑其内部逻辑结构,主要针对软件界面和软件功能进行测试。

常用的黑盒测试方法有:等价类划分法、边界值分析法、因果图法、场景法、正交实验设计法、判定表驱动分析法、错误推测法、功能图分析法。通过本章的学习,要求达到如下目标:

- 熟练掌握黑盒测试技术,可编写相关测试用例;
- 学习 WebScarab 和 Selenium 工具的使用;
- 从外部熟悉 JForum 论坛工作机制;
- 针对 JForum 论坛的用户注册模块,采用黑盒测试技术,编写该模块测试用例;
- 结合测试用例,使用 WebScarab 和 Selenium 工具对论坛用户注册模块进行测试;
- 记录测试过程,编写用户注册模块的测试报告。

5.2 WebScarab 工具简介

WebScarab 是由开放式 Web 应用安全项目(OWASP)开发的一款免费的代理软件。它使用 Java 语言开发,用来分析使用 HTTP 和 HTTPS 协议的应用程序框架,并为建立安全的

Web 应用提供了指导和建议。WebScarab 可以记录它检测到的会话内容(包括请求和应答)，并允许使用者通过多种形式来查看会话记录。使用者可以用 WebScarab 来调试程序中较难处理的 Bug，也可以发现潜在的程序漏洞。它的主要功能包括代理、网络爬虫、网络蜘蛛、会话 ID 分析、自动脚本接口、模糊器等，能够对所有流行的 Web 格式消息进行编码/解码，可以作为 Web 服务描述语言和 SOAP 的解析器。

WebScarab 采用 Web 正向代理机制，即用户需要将其设置为访问互联网的代理服务器，从而运行在客户端(通常是浏览器)与 Web 系统之间，如图 5-1 所示，可以监听、修改客户端和 Web 系统之间的 HTTP/HTTPS 请求与应答报文，WebScarab 可以对收到的请求和应答消息进行分析，并将分析结果图形化显示。

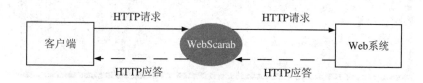

图 5-1 WebScarab 的工作原理

在 WebScarab 提供的众多功能中，我们使用 WebScarab 的代理(Proxy)和模糊器(Fuzzer)两个功能，将其作为一个黑盒测试工具，截获测试人员从浏览器发向 Web 系统的请求，进行分析后，批量模拟该 HTTP 请求向 Web 系统发送请求，从而用来测试针对不同请求消息的 Web 系统的反馈。

5.3 WebScarab 测试设计及过程

5.3.1 安装 WebScarab 软件

WebScarab 是一款使用 Java 开发的软件，在安装前需要确保本地有 Java 运行环境。由于 WebScarab 的安装包是以 jar 包形式安装的，需要确保 jar 包的默认打开程序是 java。此时，仅需双击安装包即可运行 WebScarab 的安装程序。进入安装程序后，根据向导完成安装过程，如图 5-2 所示。

若无法通过双击打开安装程序，很可能是在当前的操作系统上将后缀是".jar"的 jar 包程序的默认打开程序设置成了类似为 WinRAR 的解压软件。此时，需要在命令行中手工执行该 jar 包运行安装程序。具体的安装方法是：在命令行中，使用 cd 命令进入到 jar 格式安装包所在目录，然后运行如下命令打开 WebScarab 安装程序。

```
java -jar webscarab-installer-20070504-1631.jar
```

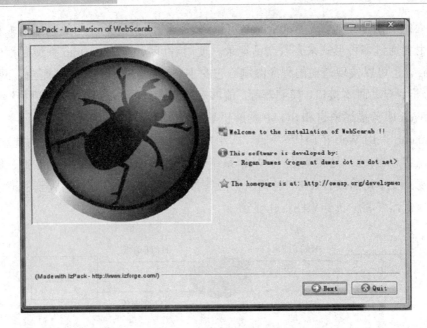

图 5-2　开始安装 WebScarab

5.3.2　运行 WebScarab

安装完成后，安装程序会自动在 Windows 桌面和开始菜单创建快捷方式，可以从这两个地方打开 WebScrab 软件。WebScarab 有简洁(Lite)和完全(Full)两种运行模式，第一次打开 WebScarab 程序时，默认将进入"简洁(Lite)"模式，如图 5-3 所示。可以看出，在简洁模式下只有概览(Summary)和监听(Intercept)两个菜单，可以使用的功能比较少。

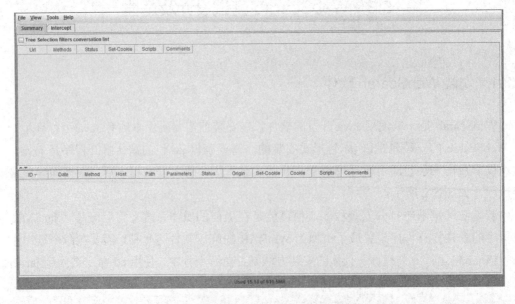

图 5-3　简洁模式下的 WebScarab 界面

本实验中，我们要使用 WebScarab 的代理和模糊器两个功能，所以需要切换到 WebScarab 的完全(Full)模式。为了切换到完全模式，如图 5-4 所示，打开 WebScarab 的 "Tool" 菜单，选中 "Use full-featured interface" 前的复选框。

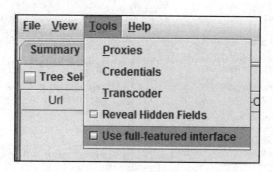

图 5-4　切换到 Full 模式

此时，WebScarab 将提示需要重启才能进入完全模式。单击 "确定" 按钮之后，需要先关闭 WebScarab，并重新打开它。重新打开 WebScarab 之后，将出现如图 5-5 所示的软件界面。在完全模式下，我们发现 WebScarab 有消息(Messages)、代理(Proxy)、Web 服务(WebServices)、会话分析(SessionID Analysis)、脚本(Scripted)、模糊器(Fuzzer)等选项卡，增加了多项功能。

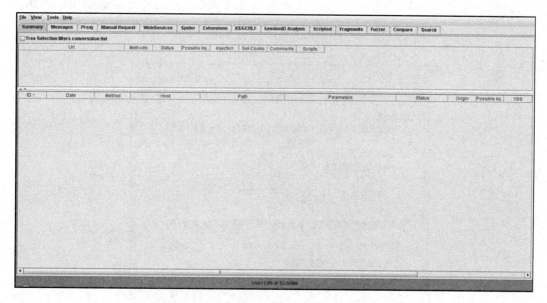

图 5-5　完全模式下的 WebScarab 界面

5.3.3　IE 浏览器设置代理

本实验将主要应用 WebScarab 的代理功能，此时它将作为浏览器和 Web 系统之间的桥梁。只不过这座桥梁是透明的，通常情况下用户不会感知到它的存在。为了使用 WebScarab 作为代理，需要修改 IE 浏览器的设置。

在 IE 浏览器"工具"菜单中,如图 5-6 所示,选择"Internet 选项",在弹出的对话框中,选中"连接"选项卡,单击"局域网设置"按钮,打开如图 5-7 所示的"局域网(LAN)设置"对话框。

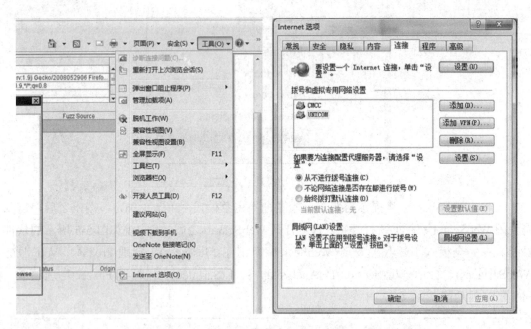

图 5-6　在 Internet 选项中打开局域网设置

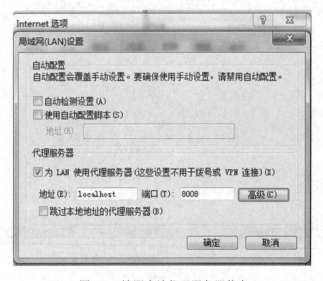

图 5-7　填写本地代理服务器信息

在"局域网(LAN)设置"对话框中,勾选"为 LAN 使用代理服务器(这些设置不用于拨号或 VPN 连接)"前面的复选框,激活下面的代理服务器地址设置功能。然后,分别在"地址"和"端口"输入框中输入"localhost"和"8008",将 IE 浏览器的代理指向 WebScarab 程序。

由于我们是在本机运行 WebScarab 程序，所以地址填写的是代表本机地址的"localhost"。读者也可以将代理服务器指向运行在其他主机上的 WebScarab 程序，此时需要填写的是 WebScarab 程序所在主机的 IP 地址。

注意：此处的端口号"8008"，它是 WebScarab 程序对外提供代理服务的默认端口号。很多人会误将其填写为"8080"，将其与 Tomcat Web 服务器的端口号混淆。

5.3.4 开启 WebScarab 的代理功能

在 WebScarab 程序中，打开"Proxy"选项卡。切换到"Manual Edit"选项卡，选中"Intercept requests"前的复选框，打开 WebScarab 拦截 HTTP 请求的功能。然后，在"Methods"列表中，按下键盘"shift"键的同时，用鼠标选中"GET"和"POST"两种方法，实现对 HTTP 的 GET 和 POST 请求的监听，如图 5-8 所示。

图 5-8 打开对 GET 和 POST 请求的监听

右侧的两个对话框的功能是：通过正则表达式对满足特定规则的请求消息的过滤。".*"的含义是包含所有的 HTTP 请求；".*\.(gif|jpg|png|css|js|ico|swf|axd.*)$"的含义是排除所有包含图片、Flash 动画、Web 句柄的请求。此处，读者可以编辑"Include Paths matching"和"Exclude paths matching"的表达式，以排除那些在测试过程中频繁出现的、不是发往 JForum 论坛的无关请求，例如 IE 浏览器插件的对外连接、360 杀毒软件的升级程序等。

5.3.5 拦截用户注册的 POST 请求

1. 访问 JForum 论坛

在开始黑盒测试前，需要启动 Tomcat 服务并确保 JForum 论坛可以被正常访问[①]，然后

[①] 建议读者在 IE 浏览器设置代理之前完成这步操作，防止出现不必要的麻烦。如果在后续的测试中发现无法访问 JForum 论坛，也建议读者可以暂时关闭 IE 浏览器的代理功能，直接访问 JForum 论坛以确保基本的网络和 Web 服务没有问题。

在 IE 浏览器的地址栏中输入 JForum 论坛所在主机的 IP 地址，访问 JForum 论坛，如图 5-9 所示。

图 5-9　通过浏览器访问 JForum 论坛

注意：图片中使用"10.211.55.3"这个 IP 地址，需要根据虚拟机的实际 IP 地址进行调整。另外，即使是在本机运行的 Tomcat 服务，此处也不能使用"localhost"或"127.0.0.1"代替实际的 IP 地址"10.211.55.3"。原因是在 IE 浏览器中设置代理时，该代理仅在访问除了本机地址外的其他地址时才有效，所以不能使用上述"localhost"或"127.0.0.1"代表"本地地址"的地址。可在"命令行"中输入"ipconfig"命令，查看本机的 IP 地址，如图 5-10 所示。

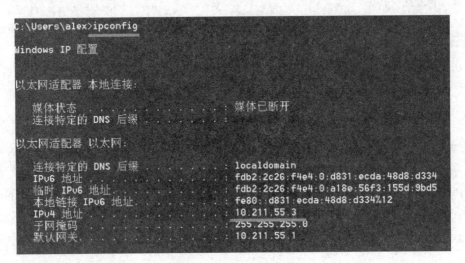

图 5-10　查看本机的 IP 地址

2．截获 HTTP 请求

若上述内容设置正确，当在地址栏中键入回车之后，这个发往"10.211.55.3:8080/jforum"的请求将被拦截，WebScarab 将会弹出如图 5-11 所示的对话框。对话框中的"方法(Method)"字段显示的是"GET"，表明当前拦截的是一个 HTTP GET 请求，请求的 URL 地址是"10.211.55.3:8080/jforum"。图 5-11 粗框中的是 WebScarab 解析出的 HTTP 报文头信息，可以分析发送给 JForum 论坛 HTTP 请求的具体消息。

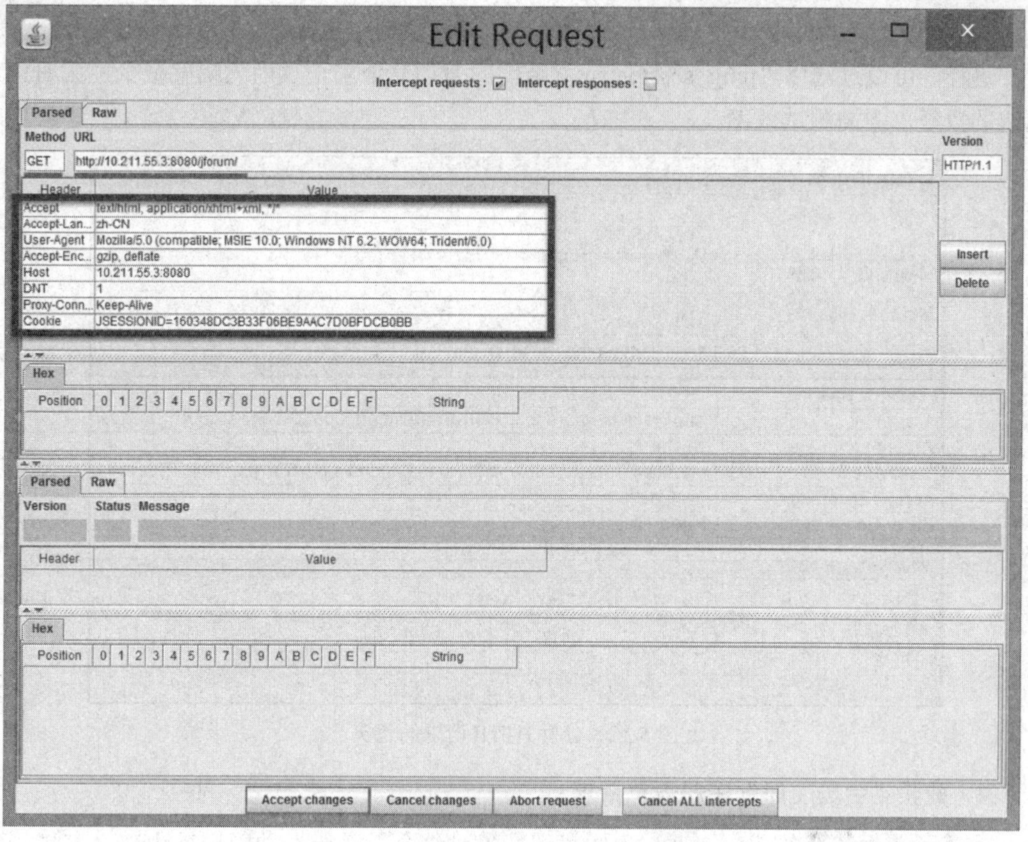

图 5-11 被拦截到的 HTTP GET 请求

由于我们希望截获的是在用户注册阶段包含用户注册信息的报文,所以我们选择忽略这个截获的报文。此时,在弹出对话框中仅需单击"Accept changes"按钮,不做任何修改直接将 HTTP 请求消息转发给 Tomcat 服务器。

注意:有时候 WebScarab 的拦截窗口可能不会自动弹出到最前面,IE 浏览器中看到的仅仅是单击了鼠标没有任何反应。此时,需要检查 Windows 操作系统任务栏中 WebScarab 是否有新的窗口弹出,如果有需要激活该窗口,单击"Accept changes"按钮后才能继续在 IE 浏览器中的操作。

3. 分析 HTTP 请求

在后续的操作中,基本上我们每进行一个操作(鼠标单击 Web 页面上的链接),都会伴随着至少一次 HTTP 请求被拦截。但是我们会发现,即使在我们没有任何操作的时候,也会有 HTTP 请求被拦下。如图 5-12 所示,此时是 WebScarab 拦截了浏览器对 ping_session.jsp 页面的请求消息,在页面中可以分析 HTTP 请求报文包头的各项内容。

通过分析可知,这个 HTTP 请求是由 IE 浏览器访问页面定时向 JForum 论坛发送的 HTTP 请求,以保持用户当前的会话,是服务器处理会话的一种常用技术手段。此时,可以在图 5-8 所示的 WebScarab 拦截功能中,在"Exclude paths matching"输入框追加如下代码:

l.*ping_session.jsp

这样，可以过滤以"ping_session.jsp"结尾的 HTTP 请求，从而大幅度减少拦截 HTTP 请求的数量，提高测试效率。

图 5-12 分析 HTTP 请求的包头

4．截获"会员注册"注册表单请求

完成了前面的准备工作之后，下面我们准备对"会员注册"功能进行测试。为此，我们首先需要在 IE 浏览器中执行一次会员注册操作，然后通过 WebScarab 截获并记录该请求，在完成注册后分析截获的 HTTP 请求，并对截获的请求参数进行"模糊(Fuzz)"处理，最后使用 WebScarab 模拟发出多个模糊处理之后的 HTTP 请求。

首先，在 JForum 论坛的首页的单击"会员注册"链接，如图 5-13 所示。当使用鼠标单击该链接之后，IE 浏览器发往 Tomcat 服务器的 HTTP 注册请求将被 WebScarab 拦截。此时，在 WebScarab 的弹出窗口中单击"Accept changes"按钮继续。

图 5-13 单击"会员注册"连接

其次，JForum 论坛将自动跳转到注册声明页面，阅读完相关协议之后，用户需要单击"同意"按钮，此时浏览器发往 Tomcat 的 HTTP 请求也将被 WebScarab 截获，在 WebScarab 的弹出窗口中单击"Accept changes"按钮继续。然后，JForum 论坛将进入如图 5-14 所示的注册页面，在注册页面分别填写如下注册信息：

- 会员名称：wtj；
- 电子邮箱：wtj@qq.com；
- 登录密码：123；
- 确认登录密码：123。

最后，单击"确定"按钮完成用户注册过程。

图 5-14　填写用户注册信息

IE 浏览器发往 Tomcat 服务器的 HTTP 用户注册请求报文也会被 WebScarab 截获，如图 5-15 所示。对比之后会发现，与之前截获的 HTTP 报文不同，这一次截获的 HTTP 请求的类型是"POST"类型，这是因为在 JForum 论坛源代码中，这个"用户注册"页面中使用了 Form 表单，其向 Tomcat 服务提交数据请求时使用了"POST"方法。POST 方法和 GET 方法均可向应用服务器提交数据，但是两者还是存在如表 5-1 所示区别。

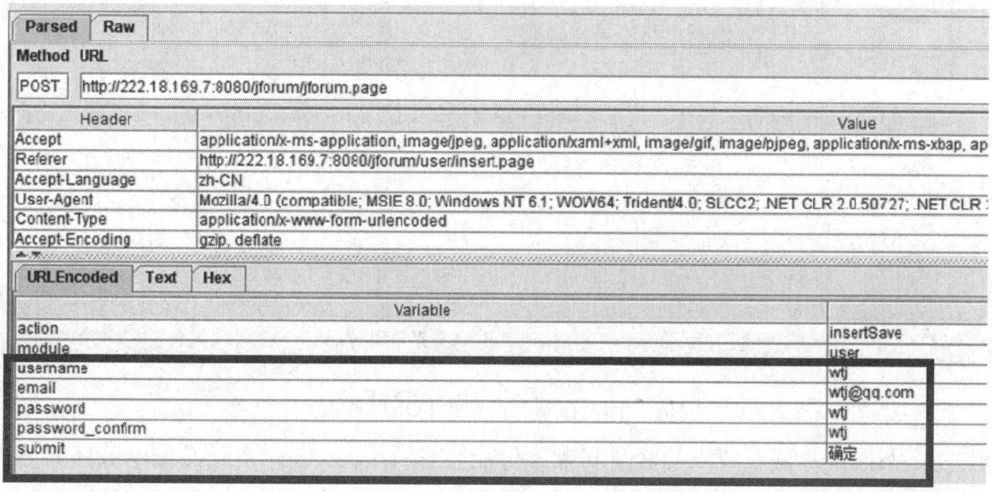

图 5-15　在 WebScarab 中查看被拦截的 POST 信息

表 5-1　HTTP 请求的 GET 方法和 POST 方法的差别

	POST 方法	GET 方法
用户请求数据存放位置	存在于 HTTP 请求 Body 中	包含在 URL 请求字符串中
可以提交数据的大小	大小不受限制	大小受到可接受的 URL 最大长度的限制

分析 WebScarab 截获的 HTTP 请求报文，在"URLEncoded"标签页中显示了解码之后的 HTTP 请求的 Body 部分信息，此时在红色方框中可以发现之前在 IE 浏览器中填写的用户注册 Form 表单信息。同时注意到，之前用"圆点"符号代替的密码，此时也会以明码方式展现在我们面前。

分析结束之后，在 WebScarab 的弹出窗口中单击"Accept changes"按钮继续。

5.3.6　使用模糊器进行测试

在下面的操作中，我们将不再使用 IE 浏览器。回到 WebScarab 中，在"概览(Summary)"标签页中可以浏览此前由 WebScarab 截获的所有 HTTP 请求，包括 HTTP GET 请求和 HTTP POST 请求。在这些请求中，我们发现图 5-16 中编号是"71"的 HTTP POST 请求是此前我们分析的"用户注册"请求。

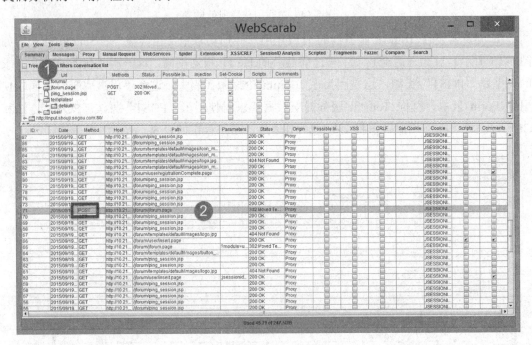

图 5-16　在列表中查看 POST 请求

注意：不同用户截获请求的数量和顺序可能会有所不同，因此实际操作中截获的 HTTP"用户注册"请求的编号很可能不是 71 号，此时可通过请求类型(POST 类型)和请求的 URL 加以识别。

在列表中双击编号 71 的请求可以查看请求的详细内容，如图 5-17 所示，该内容可以帮助我们确认 71 号请求就是此前 WebScarab 截获的发往 Tomcat 的用户注册请求。

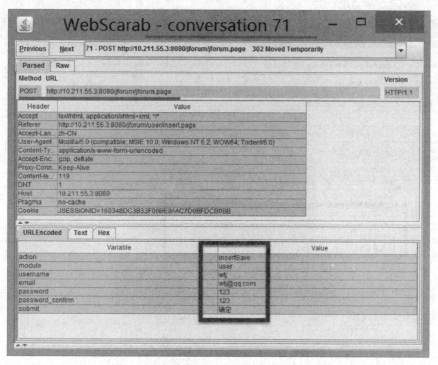

图 5-17　查看编号 71 的 POST 请求的内容

接下来，我们会使用 WebScarab 的模糊器(Fuzzer)对请求中包含的表单数据进行模糊处理。在概览页面中右键单击 26 号请求，如图 5-18 所示，选择 "Use as fuzz template" 选项，使该请求作为模糊器模板。

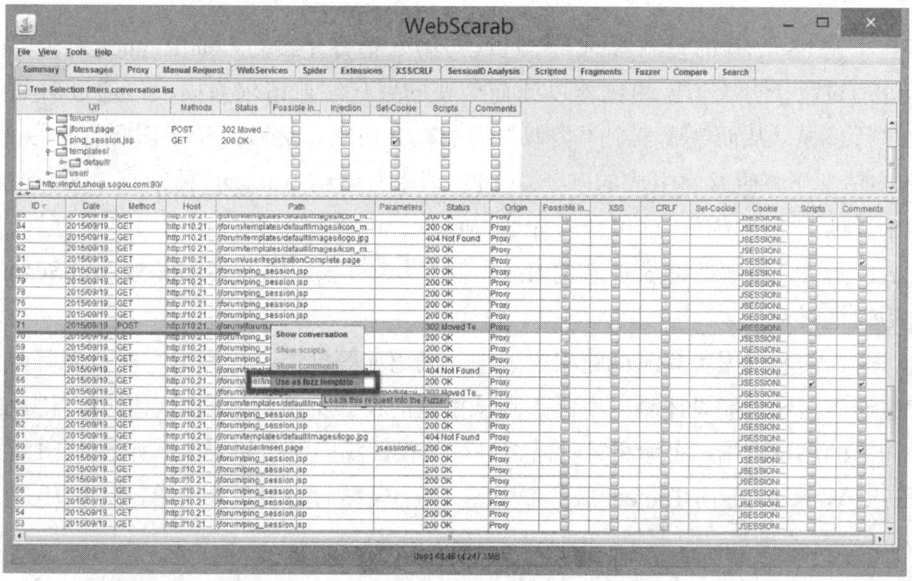

图 5-18　右键选中 POST 请求作为 fuzz 模板

然后，在 WebScarab 中打开"Fuzzer"选项卡，如图 5-19 所示，可以看到之前提交的用户注册表单数据出现在"参数(Parameters)"列表中。

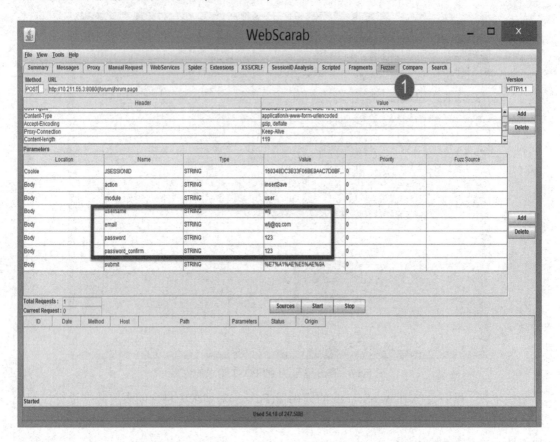

图 5-19 在"Fuzzer"选项卡中查看 POST 请求中的数据

其实，WebScarab 的模糊器的工作过程与第 6 章将介绍的 LoadRunner 对脚本的"参数化"处理过程十分类似。模糊器以此前截获的用户注册请求为模板，通过对其中包含的参数进行替换，从而生成多个"类似"的 HTTP 请求。然后，在不需要客户端(IE 浏览器)介入的情况下，直接将生成的多个 HTTP 请求发送给 Tomcat 服务器。这一过程对于 Tomcat 而言是"透明的"，这也是为什么 WebScarab 将这一过程称之为"模糊"，是因为 WebScarab 无法分辨哪些请求是通过 IE 浏览器发送过来，哪些请求是被 WebScarab 模糊处理之后发送过来的。

接下来，需要根据黑盒测试的相关理论，采用如等价类、边界值、决策表等方式，为"用户注册"这一功能设计测试用例。测试用例的设计不是本书的重点内容，因此此处只使用最简单的测试数据，实际测试时需要进行替换。我们使用如表 5-2 所示的 10 组测试数据，即需要 WebScarab 向 Tomcat 服务器发送 10 个模糊后的 HTTP 请求，模拟 10 个用户注册 JForum 论坛的场景。

表 5-2　用户注册测试数据

用户	用户名	邮箱	密码及确认密码
用户 1	test01	test01@qq.com	123456
用户 2	test02	test02@qq.com	123456
用户 3	test03	test03@qq.com	123456
用户 4	test04	test04@qq.com	123456
用户 5	test05	test05@qq.com	123456
用户 6	test06	test06@qq.com	123456
用户 7	test07	test07@qq.com	123456
用户 8	test08	test08@qq.com	123456
用户 9	test09	test09@qq.com	123456
用户 10	test10	test10@qq.com	123456

根据测试用例内容，可以使用 Windows 下的记事本等工具生成三个文本文件，分别存放用户的用户名、邮箱和密码信息，编写后保存为 TXT 格式的文件即可。文件中，每行代表一次请求的数据，需要确保表 5-2 中同一行的用户名、邮箱和密码信息在三个文件中一一对应。具体测试时，需要根据实际情况生成不同的测试数据文件。

然后，在 WebScarab 中单击"Sources"按钮，在弹出对话框中单击"Browse"按钮，选择 userinfo.txt 文件，导入用户名信息，命名为"userinfo"，最后单击"Add"按钮添加，如图 5-20 所示。

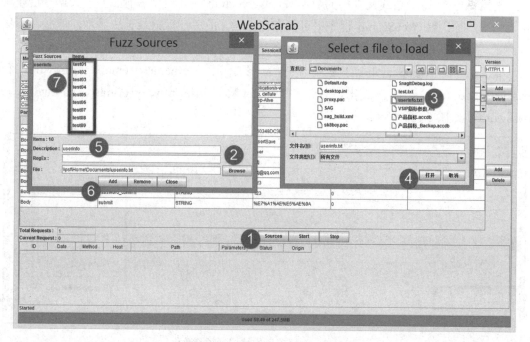

图 5-20　导入 UserInfo 测试数据

以同样的步骤导入用户邮箱信息，如图 5-21 所示，命名为"usermail"；然后再导入用户密码信息，命名为"password"。

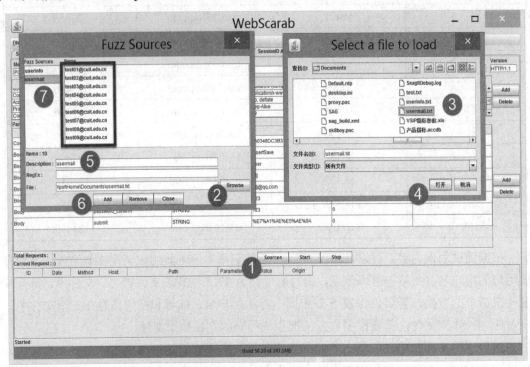

图 5-21　导入 UserMail 测试数据

注意：导入 TXT 格式文件中的数据时，WebScarab 中只能显示前面 9 个数据，这属于正常情况。原因是 WebScarab 程序中可能存在 bug，最后一行记录无法显示，但是，不影响测试。

最后，在 WebScarab 的模糊器中为表单项 username、email、password 和 password_confirm 进行参数化，依次对应测试数据 userinfo、usermail、password 和 password，如图 5-22 所示。

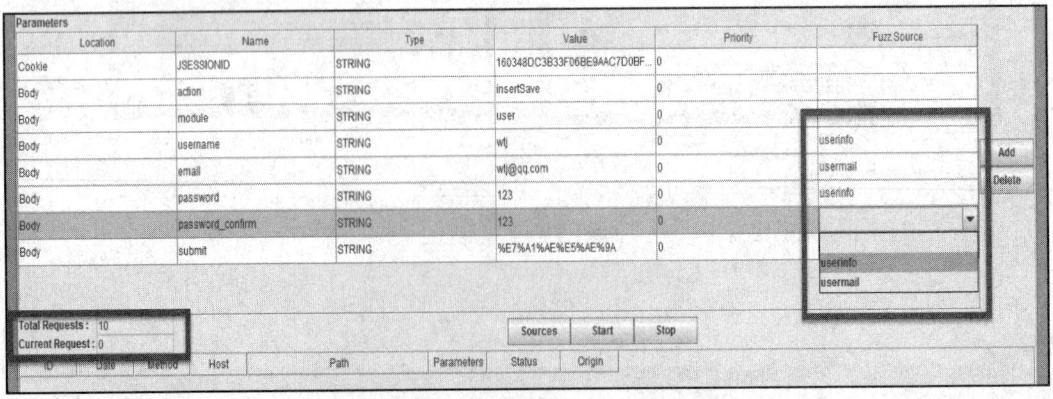

图 5-22　对表单里的数据进行参数化

第 5 章 黑盒测试实例 | 97

如图 5-23 所示,单击 "Start" 按钮开始测试。测试开始后,请求数会减少。可修改测试数据,以重复多次完成黑盒测试用例。在窗口下面,可以查看到测试结果。

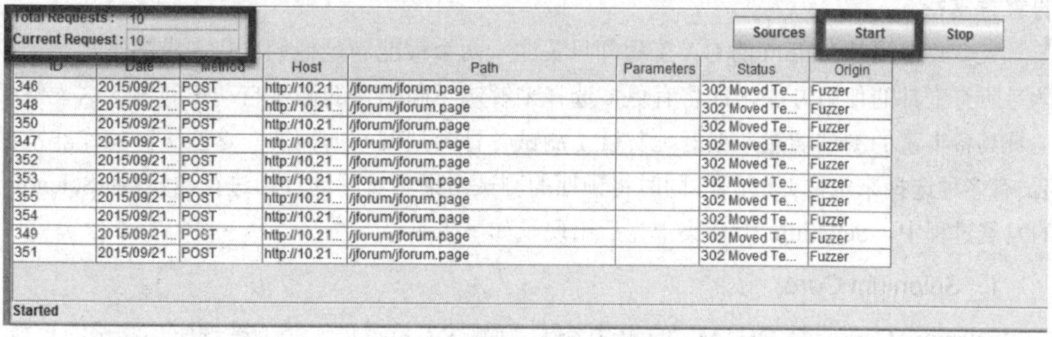

图 5-23 开始测试并查看结果

双击列表中的每一个 HTTP 请求消息,可以查看请求处理结果。进一步为了验证测试用例是否真正的完成了测试,可使用测试脚本添加的用户名和密码进行登录测试,如图 5-24 所示。

图 5-24 用 test01 用户登录验证测试结果

到此为止,使用 WebScarab 进行黑盒测试的实验结束。实验过程中,通过对 HTTP 请求消息的分析,我们可以更加清晰地了解浏览器与 Web 应用之间的交互过程及原理,有助于后续实验的开展。同时我们也应该注意到,WebScarab 对于黑盒测试还存在一定的不足,如对测试结果的验证不是十分直观。下一节我们将使用 Selenium 工具,可以充分弥补这个不足。

5.4 Selenium 工具简介

Selenium 是一组软件工具集,其中每一个工具都有不同的方法来支持测试自动化。Selenium 诞生于 2004 年,由当时在 ThoughtWorks 工作的 Jason Huggins 开发,使用 Javascript 的自动化引擎对 Web 系统进行测试。之后,2006 年由 Google 的工程师 Simon Stewart 在其上开发了 WebDriver,使其可以通过编程的方式在本地调用 Selenium Core 进行测试,使测试人员可以直接和浏览器进行通话,从而解决了 Javascript 沙箱环境的问题。Selenium 于 2016 年底发布了 3.0 版本，其中最大的变化是使用 WebDriver 彻底取代了原有的 Web Core，并且得到了包括苹果、微软、谷歌和 Mozilla 主流浏览器厂家的官方支持。

大多数使用 Selenium 的 QA 工程师只关注一两个最能满足他们项目需求的工具。然而，学习所有工具的使用方法，你将有更多选择来解决不同类型的测试自动化问题。这一整套工具具备丰富的测试功能，很好地契合了测试各种类型网站的需要。这些工具操作非常灵活，有多种选择来定位 UI 元素，同时将预期的测试结果和实际的行为进行比较。在 Selenium 的发展过程中，Selenium 工具集中先后出现了如下工具：

1. Selenium Core

Selenium Core 支持 DHTML 的测试案例，为测试人员提供了类似数据驱动测试的功能，在 Selenium 3.0 之前，它是 Selenium IDE 和 Selenium RC 的引擎，之后被 WebDriver 替代。

2. Selenium RC(Selenium Remote Control)

Selenium RC 是最早的 Selenium 1.0 版本的核心功能。由于历史遗留问题，在相当长的一段时间内，Selenium RC 都是最主要、活跃度最高的 Selenium 项目，直到 WebDriver 和 Selenium 合并而产生了更加强大的 Selenium 2.0 版本。目前，Selenium RC 仍然被社区所支持，并且提供一些 Selenium 短时间内可能不会支持的特性。

3. Selenium WebDriver

Selenium 2.0 中整合了 WebDriver 项目后，Selenium WebDriver 被添加到 Selenium 工具集合中。这个全新的自动化工具提供了很多特性，包括高内聚和面向对象的 API，并且解决了旧版本限制。它支持 WebDriver API 及其底层技术，同时也在 WebDriver API 底层通过 Selenium RC 技术为移植测试代码提供极大的灵活性。此外，为了向后兼容，Selenium 2.0 版本中仍然使用 Selenium 1.0 版本中的 Selenium RC 接口，并且在 Selenium 3.0 版本中替代了 Selenium Core 工具。

4. Selenium IDE

Selenium IDE 是一个创建测试脚本的原型工具。它是一个 Firefox 插件，提供创建自动化测试的接口。Selenium IDE 有一个记录功能，能记录用户的操作，并且支持以多种语言形式将记录的用户操作导出成一个可重用的脚本，以便用于后续执行。

5. Selenium Grid

Selenium Grid 可以实现类似 LoadRunner 中 Controller 组件的功能，测试人员通过使用 Selenium RC 可以提升针对大型项目或那些需要在多语言、多浏览器环境下进行测试的项目的测试效率。此外，Selenium Grid 使得测试人员可以并行地执行测试任务，也就是说，不同的测试可以同时跑在不同的远程主机上。如此一来，使用 Selenium Grid 可以将测试划分成多份同时在多个不同的主机上执行的任务，可以支持大型系统的测试，从而提升测试的整体效率；此外，使用 Selenium Grid 也能够同时在多浏览器、多语言环境下的进行测试，对于检测 Web 系统的兼容性必不可少。总之 Selenium Grid 提供的并行特性显著地缩短了测试的执行时间。

Selenium 是一个开源的 Web 自动化测试工具，它拥有以下特点：

(1) 支持跨浏览器的自动化测试，支持 IE、Firefox、Chrome、Safari 等主流浏览器；
(2) 支持跨操作系统的自动化测试，支持 Windows、Linux、MacOS 等主流操作系统；
(3) 支持 Java、C#、Python、Ruby、Javascript、Perl、PHP 等多种语言编写测试脚本；
(4) 使用 Grid 和 RC 组件可以支持测试的分发和管理，实现分布式并行测试；
(5) 使用 IDE 组件可以直接在 Firefox 浏览器上自动生成脚本。

5.5 Selenium 测试设计及过程

本节中，我们将使用 Selenium 的 IDE 和 WebDriver 两种工具来实现与 5.3 节类似的功能，以展示两种不同的测试手段。

5.5.1 Selenium IDE

1. 安装 Selenium IDE

上一节对 Selenium 的介绍中已经说明，目前 Selenium IDE 仅支持 Firefox 浏览器，并且根据官方发布的最新消息显示，由于在 Firefox 55 之后 Firefox 使用了新的内核，因此 Selenium IDE 无法在 Firefox 55 之后的版本上运行。所以在虚拟机中为大家预装了 Firefox 43 版本的浏览器，该版本浏览器对于访问 JForum 论坛没有任何问题。

下面，需要手动安装 Selenium IDE 插件。打开 Firefox 浏览器，由于新版本的 Firefox 浏览器中默认不会显示菜单，所以需要首先单击键盘"Alt"键，让 Firefox 显示菜单。然后，从菜单栏的"工具"中，选择"附加组件"选项，如图 5-25 所示。

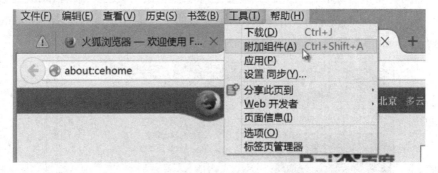

图 5-25　给 Firefox 浏览器安装 Selenium 插件

在打开的 Firefox 浏览器页面中，单击齿轮形状的"设置"按钮，然后从弹出菜单中选择"从文件安装附加组件…"选项，如图 5-26 所示。

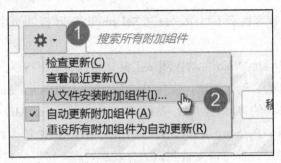

图 5-26　选择从文件安装插件

在弹出的文件选择窗口中，定位到从网络中下载的 selenium-ide-2.9.0.xpi 插件(可以从官网下载最新插件版本)所在位置，然后在浏览器弹出的菜单中单击"安装"按钮，如图 5-27 所示。当 Selenium IDE 插件安装完成之后，Firefox 浏览器将提示用户重启浏览器才能生效，此时单击"立即重启"按钮重启浏览器。

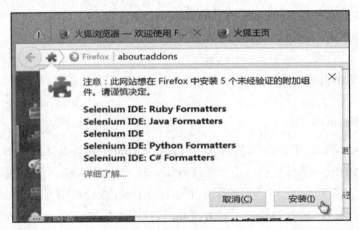

图 5-27　确定安装插件

2．运行 Selenium IDE

Firefox 浏览器重启之后，首先进入需要进行黑盒测试的页面，即 JForum 论坛的用户注册页面。然后，如图 5-28 所示，在 Firefox 浏览器的"工具"菜单下，选择"Selenium IDE"选项，打开 Selenium IDE 插件。

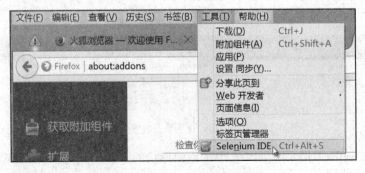

图 5-28　开启 Selenium IDE 插件

Selenium IDE 打开之后如图 5-29 所示，此时已经处于录制状态，用户在浏览器上进行的任何操作都会被 Selenium IDE 以脚本的形式记录下来。为了减少对代码的修改，建议用户在进入到需要录制脚本界面后，再开启 Selenium IDE 插件。

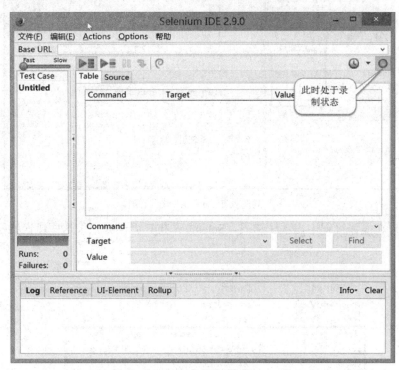

图 5-29　Selenium IDE 的运行界面

在 Selenium IDE 插件上方有如图 5-30 所示的工具栏，其上的按钮的功能分别是：

图 5-30　Selenium IDE 上方的工具栏

(1) ▶▤：运行整个测试集中所包含的所有的测试用例；

(2) ▶═：仅运行当前被选中的测试用例；

(3) ⏸ ▶：暂停和还原，用来暂停和重新开始一个测试用例；

(4) ↴：步进，可以逐条语句执行一个测试用例，用于测试用例脚本的调试；

(5) ⊙：应用 Rollup 规则，将多个重复的 Selenium 命令序列合并成一个动作；

(6) ●：开始录制用户在浏览器上的动作生成脚本。

3．录制脚本

SeleniumIDE 插件会随着用户进行打开、单击、填入等动作自动生成相应脚本。如图 5-31 所示，在 JForum 论坛的用户注册界面，录入用户的名称、邮件地址、登录密码和确认密码信息，Selenium IDE 中将自动通过命令 open、type 记录用户的操作。

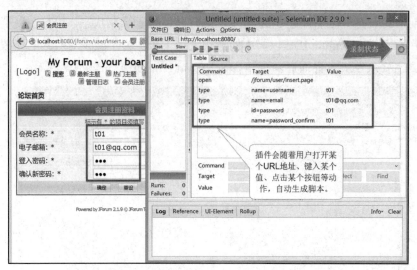

图 5-31 录制 Firefox 浏览器操作

如果用户在操作过程中出现了错误，Selenium IDE 同样会记录这些错误的操作，如图 5-32 所示。

图 5-32 用户输入了两次"会员名称"这个输入框的信息

这样就需要用户在 Selenium IDE 中修改错误的脚本。例如，右键单击多余的 type 命令，在弹出对话框中选择"Delete"选项，删除多余的错误输入信息，如图 5-33 所示。

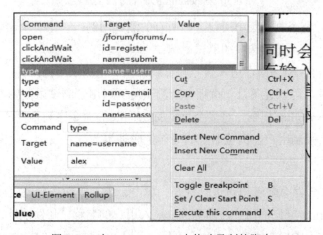

图 5-33 在 Selenium IDE 中修改录制的脚本

4. 加入校验信息

在使用 WebScarab 进行测试后，我们需要手工对测试结果进行检验，这十分费时，为此，Selenium IDE 直接提供了基于 Web 页面元素的校验功能。因为基本上所有的 Web 系统，在用户进行了操作或提交数据后，都会在 Web 页面上通过可视化的页面元素加以提示，包括操作正确或操作错误，甚至是错误的原因都有所体现。因此，Selenium IDE 可以在录制脚本时，提前指定在操作之后通过判断是否有特定页面元素出现，如页面显示"注册成功"字样，来判断操作的结果。如果出现期待的元素，表明操作成功；否则操作失败。

如此一来，当运行测试脚本时，可以实现自动化地判断结果，避免了人力判断既耗时又容易出错的缺陷。比如此时，我们在 Firefox 浏览器显示的"注册完成"界面中，用鼠标选中"恭喜您！"文字，然后单击鼠标右键，在弹出菜单中打开"Show All Available Commands"，进入下一级菜单，选择"verifyText css=center > b 恭喜您！"选项，如图 5-34 所示。

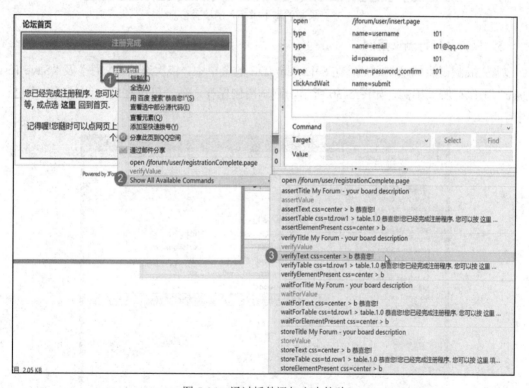

图 5-34　通过插件添加文本校验

之后，我们在如图 5-35 所示的 Selenium IDE 中发现，脚本多出了一行"verifyText"代码，说明之后运行该测试用例时，Selenium IDE 将在用户运行之后的页面上查找是否出现了"恭喜您！"，并且该文字的 CSS 样式表还必须是居中显示，避免其他文字的干扰，降低了误判的概率。所以需要注意的是，在设计校验文字的时候，最好选择具有代表性且不容易出错的页面元素作为判断的依据。

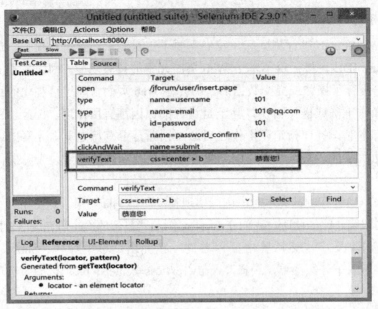

图 5-35　录制的脚本中插入的校验信息

5．保存并运行测试用例

当完成测试用例录制之后,在 Selenium IDE 的菜单中,依次选择"文件"及"Save Test Case"来保存测试用例,如图 5-36 所示。测试用例保存之后,可以在后续测试活动中进行调用或修改。

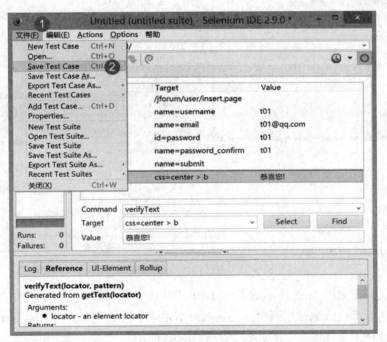

图 5-36　保存测试用例

在 Selenium IDE 的菜单中,依次选择"Action"及"Play current test case"来运行测试

用例，如图 5-37 所示。也可以通过工具栏中的工具按钮运行测试用例。

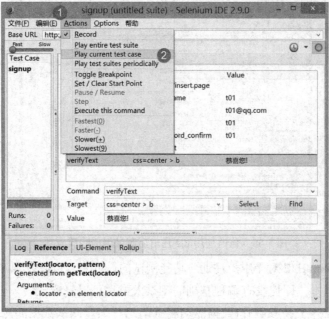

图 5-37　回放录制的测试用例

如图 5-38 所示，运行结果显示，脚本回放失败。分析错误原因，不难发现是因为 t01 这个用户已经在刚刚录制脚本的时候注册过了，再次以相同的用户信息注册将会失败。因此，修改测试用例代码，使用 t02 进行注册，再次回放测试用例，Selenium IDE 显示测试通过，如图 5-39 所示。

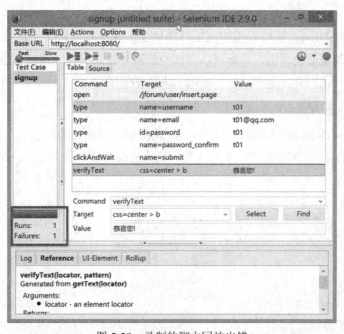

图 5-38　录制的脚本回放出错

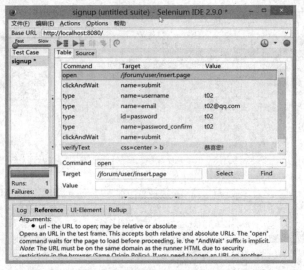

图 5-39 修改使用 t02 注册后测试用例回放成功

在使用 Selenium IDE 对"用户注册"功能测试的过程中，可以发现 Selenium IDE 可以灵活方便的生成脚本，即使没有编程基础的测试人员也可以轻松实现。但同时也会发现，由于 Selenium IDE 不支持参数化(数据驱动测试)，这样大量测试数据的测试效率就会很低，这种情况，需要使用 Selenium 的另一个组件，Selenium WebDriver 来实现。

5.5.2 Selenium WebDriver

本小节介绍使用 Selenium WebDriver 对 JForum 论坛进行黑盒测试，我们选用 Java 语言编程实现对 JForum 论坛登录模块的测试。

Selenium WebDriver 针对不同的浏览器提供了不同的开发包，通过操作系统上的 API 接口实现对不同浏览器的调用，从而可以直接控制浏览器完成打开连接、填写表单、单击按钮等操作。为此，我们需要建立一个 Eclipse 工程，我们可以通过 Maven 进行构建该工程。

1. 安装并设置 Maven

解压 apache-maven-3.0.3-bin.zip 文件，将 Maven 解压到安装路径，目录结构如图 5-40 所示。Maven 相关的可执行程序在 bin 目录，相关的配置文件存放在 conf 目录。

图 5-40 Maven 的目录结构

为 Maven 设置环境变量 M2_HOME，变量值指向 Maven 的安装路径，如 F:\Development\Java\Maven\apache-maven-3.0.3。同时，为了在命令行中直接运行 mvn，需要修改系统环境变量 Path，将 M2_HOME 下的 bin 目录添加到系统环境变量 Path 中，如图 5-41 所示。

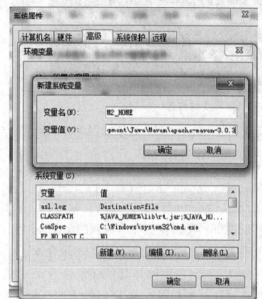

图 5-41 设置 M2_HOME 和 Path 环境变量

为了限制 Maven 运行时使用的内存，需要为其设置辅助选项"MAVEN_OPTS"，如图 5-42 所示，将环境变量的值设置为：

```
-Xms256m -Xmx512m
```

这样可以避免运行 Maven 时出现内存溢出错误。

图 5-42 设置 MAVEN_OPTS 环境变量

完成上述操作后，新打开一个命令行窗口，在命令行中输入如下命令：

```
mvn --version
```

如果配置没有错误，应该有如图 5-43 所示的输出结果。

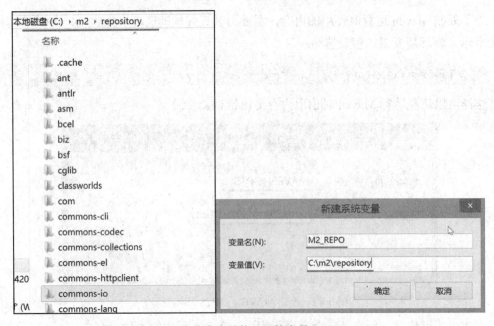

图 5-43 运行 Maven 检验环境变量设置

注意：由于 Maven 需要依赖 Java，所以安装配置 Maven 前，必须确保 Windows 操作系统下已经正确安装配置了 JDK，并设置了环境变量 JAVA_HOME。

2. 创建并配置本地库

Maven 工程在初始化时，需要读取本地的配置文件 settings.xml，并从互联网的仓库下载所依赖的包，构建所需要的工程。为了节约实验时间，我们将工程所依赖的全部 jar 包打包，以 repository.rar 的文件发布给读者，读者可使用这个压缩包构建自己的本地仓库。

为了构建本地仓库，读者首先需要创建 c:\m2 目录(也可以是其他任意位置)，并将 repository.rar 压缩文件解压到 c:\m2 目录下，生成目录结构如图 5-44 所示的本地仓库。为了使本地仓库生效，需要设置环境变量 M2_REPO，使其值指向本地仓库的路径。

图 5-44 本地仓库结构及环境变量 M2_REPO

同时，还需要修改 Maven 安装目录下 conf 文件夹里的 settings.xml 文件，在如图 5-45 所示位置添加如下代码：

第 5 章 黑盒测试实例 | 109

<localRepository>C:\m2\repository</localRepository>

将本地仓库路径指向刚刚解压的路径。然后，将修改后的 settings.xml 文件拷贝一份到本地仓库根目录下，即 C:\m2\repository 下。

```
<!-- localRepository
  The path to the local repository maven will use to store artifacts.

  Default: ~/.m2/repository
<localRepository>/path/to/local/repo</localRepository>
-->
<localRepository>C:\m2\repository</localRepository>
```

图 5-45　修改 settings.xml 配置文件指定 Maven 的本地仓库

3. 检查 Eclipse 的 Maven 插件

默认情况下，新版本的 Eclipse 中已经自带 Maven 插件。如果检查 Eclipse 中没有安装 Maven 插件，可以通过如下步骤手动安装。

启动 Eclipse 之后，打开"Help"菜单，然后选择"Install New Software…"。在弹出窗口中，如图 5-46 所示，单击"Add"按钮，在弹出对话框的"Name"字段中输入"m2e"，在"Location"字段中输入"http://m2eclipse.sonatype.org/sites/m2e"，然后单击"OK"按钮。等待安装站点上的资源信息更新之后，选中需要安装的 Maven 插件，一直单击"Next"按钮，确定之后 Eclipse 会自动下载 m2eclipse 插件并安装。当 Maven 插件安装完成后，提示重启 Eclipse，以更新系统，如图 5-47 所示。

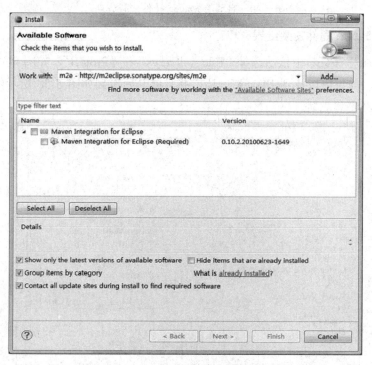

图 5-46　在 Eclipse 中安装 Maven 插件

图 5-47　安装插件之后重启 Eclipse

重启后，Eclipse 的启动界面出现 Maven 提示，如图 5-48 所示，表示插件已经启动。

图 5-48　启动后 Maven 插件加载成功

4．验证 Maven 插件安装结果

打开 Eclipse，在菜单中依次选择"File"、"New"和"Project"，如图 5-49 所示。在弹出的对话框中，如果可以找到 Maven 一项，并且展开后看到如图 5-50 所示的选项，表明 Maven 插件已经安装成功。

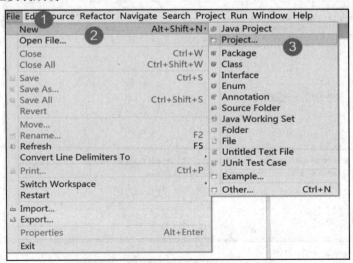

图 5-49　在 Eclipse 中检查 Maven 插件结果

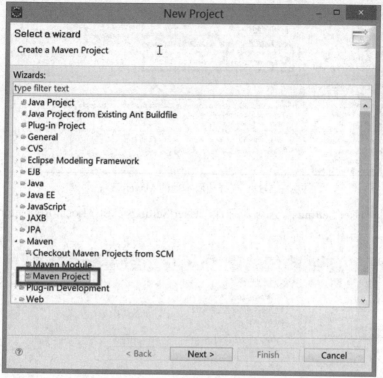

图 5-50　查看新建 Maven 项目

5. 禁用内嵌 Maven 模块

在安装了 Maven 插件之后，Maven 插件会自动在 Eclipse 中加入一个内嵌的 Maven 模块。为了使用之前安装配置的 Maven，需要禁用内嵌的 Maven 模块。为此，在 Eclipse 菜单中依次选择 "Windows" 及 "Preferences"，打开 Eclipse 系统选项。在弹出的对话框中展开如图 5-51 所示左边的 Maven 项，选择 Installation 子项，发现默认选中了内嵌的 3.0.4 版本的 Maven，单击右侧的 "Add…" 按钮，在弹出窗口中选择之前解压的 Maven 安装目录，添加完毕之后选中这个本地的 Maven，如图 5-52 所示。

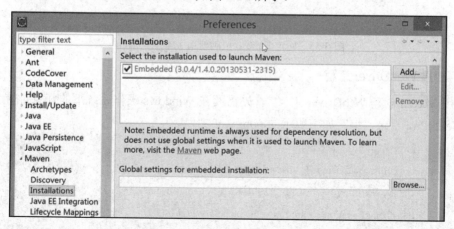

图 5-51　默认需求了内嵌的 Maven 环境

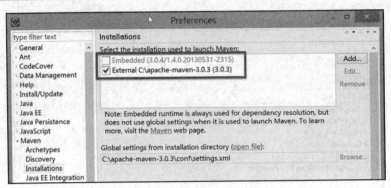

图 5-52　选择使用本地的 Maven 环境

然后打开"User Settings"选项，确保"User Settings"和"Local Repository"设置使用了本地 Maven，如图 5-53 所示。

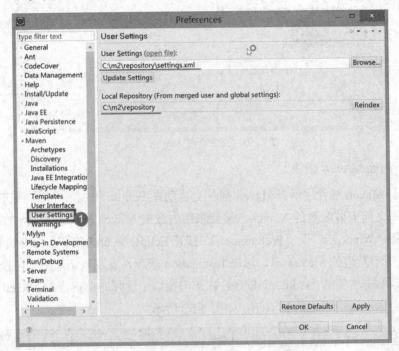

图 5-53　确定 Eclipse 正确使用了本地 Maven

6．创建 WebDriver 工程

使用 Maven 创建 WebDriver 工程，首先需要在 Windows 操作系统下的任意位置创建一个 MySel20Proj 目录，编写如下所示的 pom.xml 文件。

```
<?xml version="1.0" encoding="UTF-8"?>
<project xmlns="http://maven.apache.org/POM/4.0.0"
    xmlns:xsi="http://www.w3.org/2001/XMLSchema-instance"
    xsi:schemaLocation="http://maven.apache.org/POM/4.0.0
        http://maven.apache.org/xsd/maven-4.0.0.xsd">
```

```xml
<modelVersion>4.0.0</modelVersion>
<groupId>MySel20Proj</groupId>
<artifactId>MySel20Proj</artifactId>
<version>1.0</version>
<dependencies>
    <dependency>
        <groupId>org.seleniumhq.selenium</groupId>
        <artifactId>selenium-java</artifactId>
        <version>2.12.0</version>
    </dependency>
</dependencies>
</project>
```

然后，打开命令行窗口，通过 cd 命令进入到刚刚创建的 MySel20Proj 目录，之后在工程目录下运行如下命令，如图 5-54 所示，如果本地资源库配置正确，Maven 将从本地资源库生成 WebDriver 的原始工程，当出现"BUILD SUCCESS"则说明创建成功。

mvn clean install

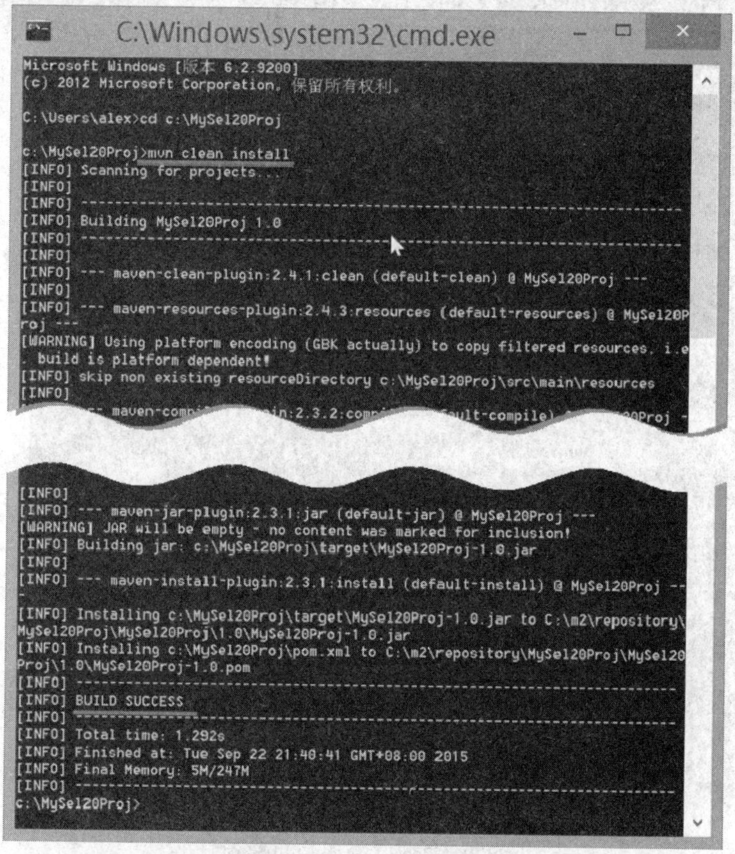

图 5-54　在 MySelProj 项目中添加 Maven 支持

运行结束后，Maven 将自动在 MySel20Proj 工程目录下生成 target 文件夹，如图 5-55 所示，target 文件夹存放工程基础框架。

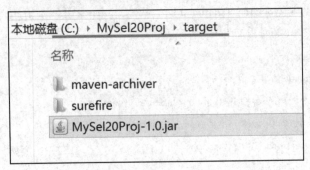

图 5-55 查看添加 Maven 支持后的目录结构

为了能够在 Eclipse 中进一步开发 WebDriver 工程，需要为 MySel20Proj 工程添加 Eclipse 需要的源文件，为此，打开命令行窗口进入到 MySel20Proj 工程目录，运行如下命令生成 Eclipse 工程相关源文件，如图 5-56 所示。

```
mvn eclipse:eclipse
```

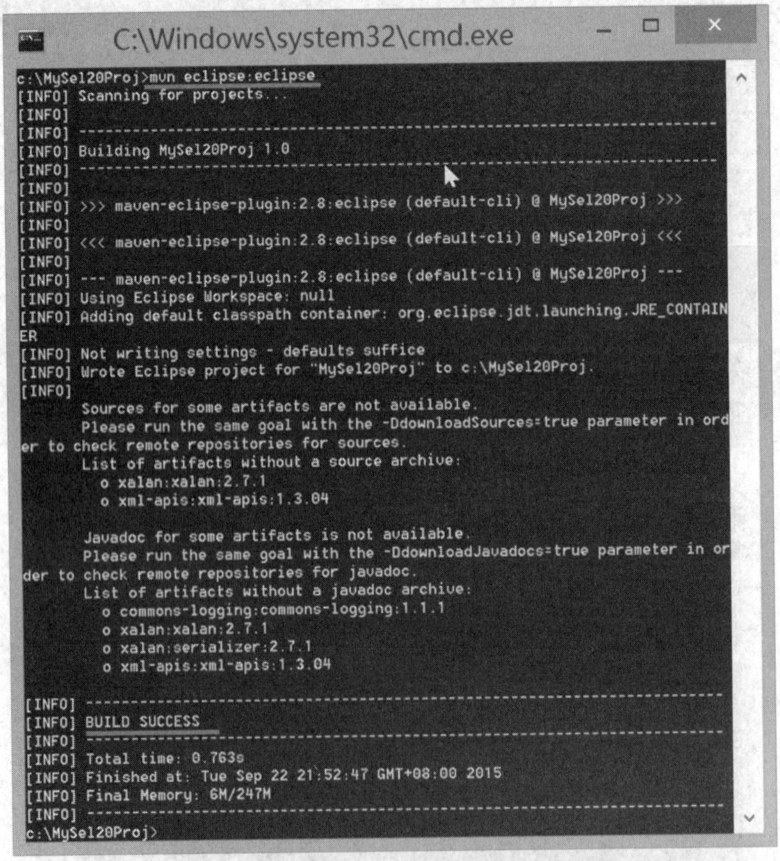

图 5-56 给项目添加 Eclipse 特性

当出现"BUILD SUCCESS"则说明创建成功。然后，在 Eclipse 菜单中依次选择"File"及"Import..."将项目导入到 Eclipse 中，如图 5-57 所示，在"General"的"Existing Projects into Workspace"中选择"Browse"，定位到 MySel20Proj 目录，选择"Finish"，将 MySel20Proj 项目导入到 Eclipse。

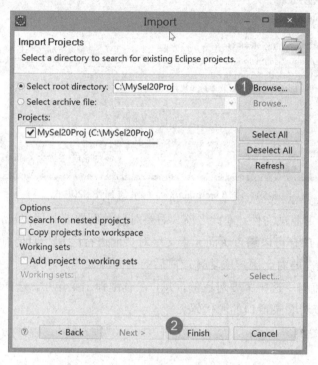

图 5-57　将项目导入 Eclipse

7. 为 MySel20Proj 工程创建主类

在 MySel20Proj 工程中，如图 5-58 所示，右键单击 MySel20Proj，在弹出菜单中依次选择"New"及"Source Folder"创建源目录。

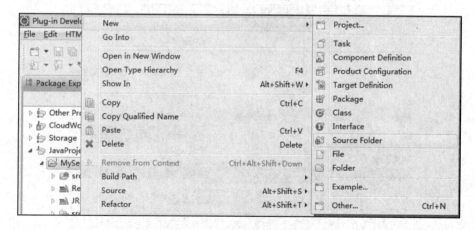

图 5-58　为项目添加源代码目录

在弹出窗口中，如图 5-59 所示，在 "Folder name" 输入框中输入 "src/main/java"，单击 "Finish" 按钮，为 MySel20Proj 工程添加新的源目录。

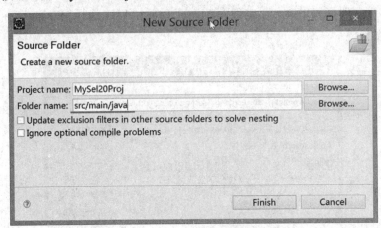

图 5-59　添加 src/main/java 目录到 MySel20Proj 工程

接下来将创建主测试文件。在此之前，需要对登录页面的源代码进行分析。这是因为，此前使用 Selenium IDE 可以通过页面元素文字对页面进行区别，但是通过编程方式无法直接区分页面，因此需要对比用户成功登录前后的页面源代码。

在 Firefox 浏览器中选中需要对比的信息，在右键弹出菜单中，选择 "查看元素" 功能，如图 5-60 所示，查看登录窗口的源代码。

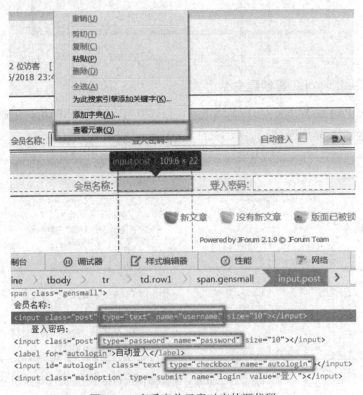

图 5-60　查看表单元素对应的源代码

在用户登录前,页面顶部会出现"登入"连接,如图 5-61 所示。通过查看元素后可见,对应"登入"元素的页面源代码,其"id"为"login"。

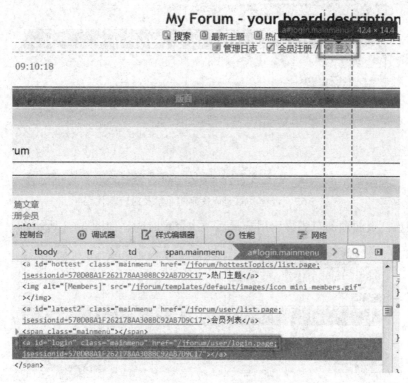

图 5-61　查看"登入"元素的源代码

在用户登录后,页面顶部将会有"注销"连接,如图 5-62 所示。通过查看元素后可见,对应"注销"元素的页面源代码,其"id"为"logout"。

图 5-62　查看"注销"元素的源代码

可以发现在登录前,页面顶部左侧仅显示当前系统时间,如图 5-63 所示。

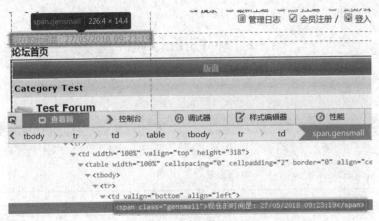

图 5-63 查看页面上登录前的元素及对应源代码

而登录后,页面顶部左侧显示用户最后一次登录时间,如图 5-64 所示。

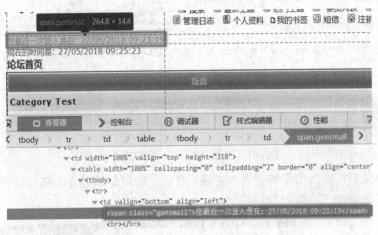

图 5-64 查看页面上登录后的元素及对应源代码

可以根据上述收集的信息开发主测试类源代码。右键单击 MySel20Proj 工程的源代码路径,选择"New"及"Class",新建主测试类源代码,如图 5-65 所示。

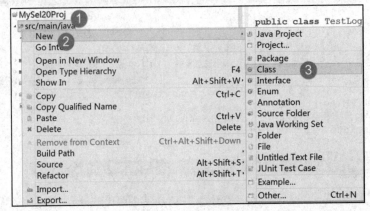

图 5-65 新建测试类

在弹出窗口中，如图 5-66 所示，输入测试类的包名：

cn.edu.cuit.cs.selenium.example

类名：

TestLogin

单击"Finish"按钮完成添加。

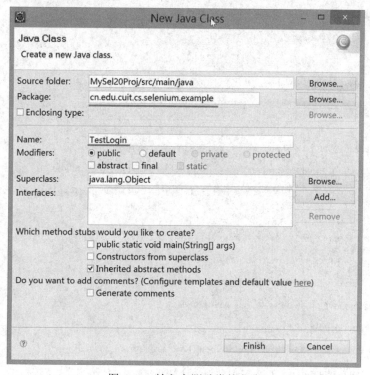

图 5-66　输入主测试类的名称

编辑 TestLogin 主类，输入如下源代码。

```
package cn.edu.cuit.cs.selenium.example;

import org.openqa.selenium.By;
import org.openqa.selenium.WebDriver;
import org.openqa.selenium.WebElement;
import org.openqa.selenium.firefox.FirefoxDriver;
import org.openqa.selenium.support.ui.ExpectedCondition;
import org.openqa.selenium.support.ui.WebDriverWait;

public class TestLogin {
    public static String username = "TiejunWang";
    public static String password = "justatest";
```

创建测试主文件

```java
public static void main(String[] args) {
// Create a new instance of the Firefox driver
// Notice that the remainder of the code relies on the interface,
// not the implementation.
WebDriver driver = new FirefoxDriver();

// And now use this to visit JForum
driver.get("http://localhost:8080/jforum/forums/list.page");

// Find the useranme and password elements by their names
WebElement usernameElement = driver.findElement(By.name("username"));
WebElement passwordElement = driver.findElement(By.name("password"));

// Enter username and password for login
usernameElement.sendKeys(username);
passwordElement.sendKeys(password);
// Check the welcome message before login
System.out.println("Before login");
WebElement element = driver.findElement(By.className("gensmall"));
System.out.println("Welcome message is : " + element.getText());
// Now submit the form. WebDriver will find the form for us from the element
usernameElement.submit();
// Wait for the page to load, timeout after 10 seconds
(new WebDriverWait(driver, 10)).until(new ExpectedCondition<Boolean>() {
    public Boolean apply(WebDriver d) {
        return (d.findElement(By.id("logout")) != null);
    }
});
```

创建测试主文件

```java
// Check the welcome message after login
System.out.println("After login");
element = driver.findElement(By.className("gensmall"));
System.out.println("Welcome message is : " + element.getText());
```

```
// Close the browser
driver.quit();
}
}
```

8．运行测试文件

右键单击 TestLogin 主类，选择"Run AS"，再选择"Java Application"，如图 5-67 所示。

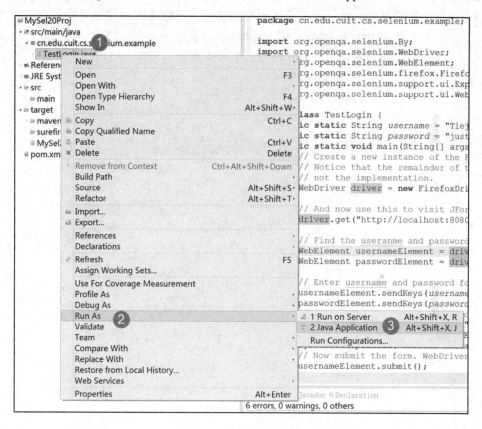

图 5-67　运行测试代码

此时程序会通过 WebDriver 与 Firefox 进行通信，自动进行登录并返回结果。查看 Eclipse 打印的结果信息，如图 5-68 所示。

```
Problems  Javadoc  Declaration  Console
<terminated> TestLogin [Java Application] C:\Java\jre1.8.0_60\bin\javaw.exe (2015年9月23日 上午12:41:35)
Before login
Welcome message is : 现在的时间是：23/09/2015 00:41:48
After login
Welcome message is : 您最近一次登入是在：21/09/2015 13:48:56
```

图 5-68　查看测试代码运行之后的输出结果

注意：请确认此时 Selenium IDE 插件未运行，否则将出错。

思 考 题

1. 有了白盒测试,为什么还需要黑盒测试?
2. 请描述用户通过浏览器访问 Web 系统时,从发起请求到获得应答期间的具体过程。
3. 为什么使用 WebScarab 的模糊器进行测试时,不需要用户打开浏览器?
4. 分析 Selenium IDE 和 WebDriver 两种黑盒测试工具本质的不同。
5. 请思考如何通过 Selenium WebDriver 实现数据驱动测试?

第6章 负载测试实例

6.1 负载测试的目标

负载测试(LoadTesting)是指在确切、可预知的负载环境中,通过不断提升被测系统的负载(如逐渐增加模拟用户的数量),来观察不同负载下系统的响应时间、数据吞吐量、系统占用的资源(如 CPU、内存使用情况)等,以检验系统的行为和特性,进而发现系统可能存在的性能瓶颈、内存泄漏、不能实时同步等问题;或者探寻构成系统的不同组件,如数据库、硬件、网络等的上限性能,以备未来使用。

与前面几章介绍的黑盒测试、白盒测试不同,负载测试是一种非功能性测试,它主要衡量的是被测系统的性能,属于性能测试。

性能测试(Performance Testing)是指在给定基准条件的前提下能达到的运行程度,测试目标软件在给定环境下的运行性能,度量其性能与预定义目标的差距。通常,性能测试用实际投产环境进行测试,来求出最大的吞吐量与最佳响应时间,以保证上线后系统可以平稳、安全地运行。

通常情况下,负载测试、压力测试/强度测试、容量测试等被统称为性能测试。很多时候,测试人员和用户容易将这几种测试混为一谈,下面分别对其进行说明。其中,**压力测试/强度测试(StressTesting)**是在极限负载(大数据量、大量并发用户等)情况下的测试,查看应用系统在峰值使用情况下的操作行为,以及当负载降低后系统的状态,从而有效地发现系统的某项功能隐患及系统是否具有良好的容错能力和可恢复能力。进一步,压力测试分为高负载下的长时间(如 24 小时以上)的**稳定性压力测试**和极限负载情况下导致系统崩溃的**破坏性压力测试**。**容量测试(VolumeTesting)**是测试预先得出能够反映被测软件系统应用特征的某项指标的极限值(如支持的最大并发用户数、可访问的数据库记录数等),该极限值被确定的前提是被测系统在其状态下没有出现任何软件故障或还能保持主要功能正常运行,具体可以在测试需求中对其进行约束。容量测试是面向数据的,并且它的目的是显示系统可以处理目标内确定的数据容量。

负载测试、压力测试和容量测试这几个概念容易发生混淆,下面通过一个简单的载重汽车例子加以区分。本例中,描述载重汽车性能的指标有载重量和行驶速度。

(1) 负载测试：载重 20 吨，汽车是否能以 100 公里时速行驶；或者载重 20 吨，汽车的最快速度是多少。

(2) 压力测试：在 20 吨、30 吨、40 吨……的情况下，汽车是否还能正常行驶，当载重多少时汽车将无法行驶，当汽车无法行驶后减少载重量，汽车是否还能继续正常行驶。

(3) 容量测试：如果要求汽车以时速 100 公里的速度行驶，最多可以载重多少吨。

本节通过介绍 LoadRunner 工具和测试实例来阐述负载测试的相关内容，以达到如下目标：

(1) 能够区分负载测试、压力测试和容量测试的区别；

(2) 了解 LoadRunner 工具相关的基本概念，能够使用 LoadRunner 工具；

(3) 了解 Web 应用的发展及主要技术手段；

(4) 能够针对 Web 应用，设计满足要求的测试用例，并进行测试。

6.2 LoadRunner 工具简介

LoadRunner 最初是 Mercury 公司的产品，后来由于 Mercury 公司于 2006 年被 HP 公司收购，所以目前 LoadRunner 是 HP 公司一款专注负载测试的产品。LoadRunner 是一种适应性较强的自动负载测试工具，它能预测系统行为，帮助企业优化系统性能。LoadRunner 强调的是对整个企业应用架构进行测试，它通过模拟实际用户的操作行为，对被测目标系统进行实时性能监控，来帮助客户更快地确认和查找问题。LoadRunner 能提供广泛的、协议的技术，为客户的特殊环境提供特殊的解决方案。

6.2.1 LoadRunner 的组件

LoadRunner 主要由以下几个组件构成：

(1) Virtual User Generator：虚拟用户生成器，简称 VuGen，用来录制被测目标系统客户端的操作，并自动生成虚拟用户脚本。

(2) Controller：控制器，它是整个负载测试的控制中心，用来管理、设计、驱动及监控负载测试场景的执行情况以及被测目标系统的资源使用情况。

(3) Load Generator：负载生成器，可以是压力机操作系统中的一个进程或线程，它执行虚拟用户脚本以模拟真实用户的行为对被测目标系统发出请求并接收响应，进而模拟真实的负载。

(4) Analysis：分析器，它读取控制器收集的测试过程数据，分析负载测试的结果，进一步生成测试报告。

(5) Launcher：加载器，负责提供一个集成的操作界面，测试人员可以从中启动 LoadRunner 的所有其他组件。

LoadRunner 通过用户执行被测目标程序的客户端，在 VuGen 中录制被测系统的客户端和服务器的协议交互并自动生成脚本，然后在 Controller 中控制 Load Generator，按照一定的配置(又称为场景)，模拟一定数量的用户，根据指定协议向服务器发出请求从而生成负载，同时对被测系统涉及的操作系统、数据库、中间件等的资源使用情况进行监控，收集不同负载情况下的资源使用信息，待负载测试结束后形成测试结果和监控数据，在结果分析器中进行分析，最后生成测试结果报告。

6.2.2　LoadRunner 与 QTP 的区别

了解 HP 公司产品的读者可能会知道，HP 公司除了 LoadRunner 这款性能负载测试工具外，还有一款类似的 QTP 产品。让人容易产生混淆的是，通常测试人员发现 LoadRunner 可以做的工作，QTP 也可以完成，如 Web 系统测试。与 LoadRunner 不同，QTP 是一款自动化功能测试工具，它们的主要区别是：

(1) 产品定位不同：LoadRunner 是基于协议的负载测试，侧重的是压力、负载、容量、并发等的测试；而 QTP 是基于 GUI 对象的功能测试，主要应用于回归测试、版本验证测试等。

(2) 与被测系统交互的方式不同：LoadRunner 采用捕获数据包并识别协议报文的方式，通过解析和生成特定的报文与被测系统交互；QTP 则是基于操作系统的消息机制来截获消息，通过识别被测系统客户端的控件与被测系统交互。

其中第二点是两款产品本质上的区别，它直接导致了两者在测试活动中所扮演角色的不同。QTP 的录制和回放，都是通过操作系统的消息机制，直接去操作被测系统客户端程序的各种 GUI 控件，回放的时候依赖客户端程序，并会真实地启动客户端程序，因此使用 QTP 进行功能测试会受到系统开发进度的制约，只有当系统的界面元素不会频繁地变化、系统功能基本稳定以及系统不存在重大缺陷时，才可以考虑使用 QTP 进行自动化测试；而 LoadRunner 只是录制了客户端和服务器之间的通信报文，回放仅仅是模拟客户端重新生成了这些报文，仅在录制时需要依赖客户端程序，回放的时候则不会依赖客户端程序，可以在多个负载生成器上同时模拟客户端行为生成负载。

6.2.3　使用 LoadRunner 的测试流程

使用 LoadRunner 进行负载测试，需要经历如图 6-1 所示的测试流程。

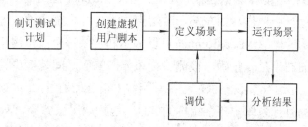

图 6-1　LoadRunner 进行负载测试的测试流程

1. 制订测试计划

在此阶段，首先需要定义性能测试要求，从需求中提取有用信息，获取性能测试目标，例如并发用户数量、典型业务流程以及这些业务流程要求的响应时间，然后根据这些性能测试要求，定义对应的压力指标。其次，需要根据测试需求确定系统的运行环境，包括硬件环境、软件环境、网络环境等。最后，需要确定测试环境、工具、数据等，包括搭建测试环境、选用测试工具、准备测试数据。其中，测试数据要保证尽可能地模拟真实情况。

2. 创建虚拟用户脚本

使用 LoadRunner 的 VuGen 能很简便地创建系统负载并能够生成虚拟用户，以虚拟用户的方式模拟真实用户的业务操作行为。VuGen 可以录制真实用户的业务操作流程(如用户注册、酒店预订等)，然后将其转化为测试脚本(测试人员也可直接使用 C、Java 等语言编写测试脚本)。利用虚拟用户，LoadRunner 可以在多台 Windows、UNIX 或 Linux 操作系统的主机上，同时模拟成千上万个用户访问被测目标系统的行为，这样一来就能够极大地减少负载测试所需的硬件资源和人力资源。

为了模拟现实环境中多个用户的不同习惯和访问信息，VuGen 可以在录制测试脚本后进行参数化处理。参数化可以利用多套、不同的实际数据来测试被测目标系统，从而尽可能地反映出被测目标系统在真实环境下的负载能力。这些测试数据可以来自真实的业务数据，也可以由开发人员直接从数据库中提取，通过文本文件或电子表格等格式导入到 LoadRunner 中。同时，VuGen 支持丰富的数据提取方式和随机访问方式，使得模拟产生的虚拟用户更加真实。

3. 定义场景

虚拟用户(测试脚本)创建完成之后，测试人员需要根据测试方案设定所采用的负载方案、业务流程组合和虚拟用户数量。通过使用 LoadRunner 的 Controller，测试人员能够快速组织多起用户的测试方案。Controller 的集合点(Rendezvous)功能提供一个互动的环境，在其中既能建立起持续且循环的负载，又能管理和驱动负载测试方案。

4. 运行场景

测试人员在利用 LoadRunner 进行系统负载测试时，可以定义虚拟用户在什么时候访问系统以产生负载，这样就能将测试过程自动化。在 Controller 定义的负载方案中，可以定义所有的用户同时执行一个动作，如在某一时间点同时进行系统登录，进而来模拟系统的峰值负载情况。在测试过程中，LoadRunner 可以显示和记录每个虚拟用户的访问结果，包括访问被测目标系统的结果是否正确、被测目标系统的响应时间是多少、统计有多少事务通过了测试等。此外，在运行负载测试过程中，测试人员还能通过 LoadRunner 集成的实时监测器来实时监测被测目标系统中各个组件的性能，包括应用服务器、Web 服务器、数据库、网络设备等，可以在测试过程中从客户和服务器两方面评估这些系统组件的运行性能，帮助测试人员更快地发现问题、调整上述系统环境配置、优化负载测试场景。

5. 分析结果

一旦测试完毕后，LoadRunner 收集汇总所有的测试数据，并提供高级的分析和报告工具，以便迅速查找到性能问题进而追溯问题原因。使用 LoadRunner 的 Web 交易细节监测器，测试人员和开发人员可以了解到将所有页面(包括图像、框架和文本)加载所需的时间。例如，通过分析页面的加载时间，可以帮助程序员确定是否因为一个大尺寸的图像文件或第三方的数据组件造成被测目标系统运行速度减慢。另外，通过 Web 交易细节监测器分解得到用于客户端、网络和服务器上点到点的反应时间，便于发现造成被测目标系统运行变慢的原因，定位查找出真正存在问题的组件。例如，测试人员可以进一步将网络延迟进行分解，以分析构成网络延迟的时间占比，确定 DNS 解析时间、连接服务器时间及 SSL 认证所花费的时间中哪一个时间才是系统的瓶颈。通过使用 LoadRunner 的分析工具，测试人员能够快速查找到出错的位置和原因，并为开发人员提供相应的调整建议。

6. 重复测试

负载测试是一个需要重复多次的测试活动。在完成每一次负载测试之后，测试人员都会给出本次测试的结果和建议。开发人员根据这些建议对被测目标系统进行代码调整和系统优化。之后，测试人员需要对被测目标系统在相同的测试方案下，再次进行负载测试，从而检验所做的修正是否改善了被测目标系统的性能。

这种重复的测试活动需要一直进行，直到测试结果满足测试需求。

6.3 负载测试的设计

在使用 LoadRunner 进行负载测试时，涉及事务、集合点和思考时间这三个概念。正确理解这些概念对于负载测试的设计有很好的帮助。

6.3.1 事务

LoadRunner 虚拟用户脚本由 Init、Action 及 End 三部分组成，其中在虚拟用户设置中可以让 Action 部分重复执行多次，而 Init 和 End 部分仅能执行 1 次。因此，通常情况下将初始化工作，如用户登录、数据库连接等操作放在 Init 部分，将退出登录、断开数据库连接等操作放在 End 部分，而将实际的操作放在 Action 部分。

通常情况下，LoadRunner 的 Web 交易细节监测器只能将所有位于 Action 部分的脚本作为整体进行测量。例如，脚本中包含用户登录、机票检索、订票、支付等活动，那么此时度量的结果是完成上述所有操作的总时间。如果希望知道虚拟用户完成单个不同操作的时间，需要使用事务(Transaction)对上述操作进行界定。每个事务度量被测目标系统响应指定 Vuser 请求所用的时间。这些请求可以是简单操作(如等待某个机票查询的响应)，也可以是复杂操作(如提交查询并等待系统生成报告)。此外，为了度量某个操作的性能，需要在操作开始和结束位置各插入一个标记,两个标记用于界定该操作,如此就可以定义一个事务。通常,事务用于界定虚拟用户的某一个相对完整的、有意义的业务操作过程,例如登录、查询、交易、转账等都可以作为事务,但一般不会把每次 HTTP 请求作为一个事务。

LoadRunner 运行到该事务的开始点时会开始计时,运行到该事务的结束点时结束计时。这个事务的运行时间在 LoadRunner 的运行结果中会有显示。通俗地讲,事务就是一个计时标识,LoadRunner 在运行过程中一旦发现事务的开始标识,就开始计时,发现事务的结束标识,则结束计时。开始计时和结束计时的时间间隔就是一个事务时间。通常,测试人员将事务时间认为是被测目标系统对一个操作过程的响应时间。

从性能测试的角度出发,测试人员需要知道不同的操作所花费的时间,这样就能够衡量不同的操作对被测目标系统所造成的影响。一个经验丰富的测试人员,需要了解每个操作对应被测目标系统后台的哪些操作,如航班查询可能涉及被测目标系统中的数据库表 select 操作,一个订单支付操作可能涉及数据库表的 insert、update 操作以及与外部支付接口的交互活动。测试人员能够从不同的操作响应时间分析得到系统的瓶颈点。可见,正确地设置虚拟用户脚本中的事务,对于分析被测目标系统是十分重要的技术手段。

6.3.2 集合点

在介绍集合点这一概念之前,首先需要明确如下三个概念:
- 系统用户数 N_u:使用被测目标系统的总人数;
- 在线用户数 N_{ou}:高峰时同时访问被测目标系统在线人数;
- 并发用户数 N_{cu}:在同一时刻与服务器进行了交互的在线用户数。

三者存在如下关系:

$$N_u \geq N_{ou} \geq N_{cu}$$

系统用户数仅反映可能会有多少用户访问该系统,通常仅对数据库中的用户表容量有影响。在线用户数能够在某种程度上反映系统的负载情况,如公司的门户系统,每个员工每天上班都要登录门户系统打卡、收发邮件、访问日程安排等。在线用户数对被测目标系统的服务器内存、缓存等资源占用多。但是,并不是所有在线用户都会在同一时刻对系统发出请求,目标系统服务器所承受的负载还与具体的用户访问习惯相关,所以真正会对系统产生直接影响的是并发用户数。

通常在用户需求规格说明书中,仅会使用一些描述文字说明用户对目标系统的性能需求。例如:"一个拥有 4000 员工的公司,需要开发一个仅供公司内部员工使用的办公自动化系统(OA 系统),最高峰时有 500 人同时在线,对于系统的典型用户来说,一天之内用户使用访问 OA 系统的平均时长为 4 小时,通常用户仅会在 8 小时工作时间内访问该系统。"对于这样一段文字,我们可以获取到如下信息:系统用户数为 4000,在线用户数为 500,那么,系统的并发用户数是多少呢?

在这 500 个同时在线用户中,考察到某一个具体的时间点,可能仅有 30%的用户在浏览系统公告，30%的用户在编写邮件，20%的用户将 OA 系统最小化做其他工作，10%的用户在做登录操作，5%的用户在收邮件，5%的用户在审批流程。这样的情况下，浏览系统公告、编写邮件和做其他工作的 80%的用户并没有给 OA 系统带来任何负载，而其他 20%的用户向服务器发起了请求，才真正对服务器构成了压力。因此，从上面的例子中可以看出，系统的并发用户数仅占在线用户的 20%。但是，在实际中没有任何人能够给出确切的数字，并且不同系统在不同时刻并发用户数均可能不同。此时，仅能够通过长时间观察和经验对并发用户数进行推算。下面给出了一个并发用户数的推导公式：

$$N_{cu} = \frac{N_{ou} \times L}{T}$$

$$\overline{N_{cu}} = N_{cu} + 3\sqrt{N_{cu}}$$

其中，L 为在线用户的平均会话时长，T 为考察时间长度，$\overline{N_{cu}}$ 为并发用户数的峰值。根据这个公式，可以计算得出如下结果：

$$N_{cu} = \frac{N_{ou} \times L}{T} = \frac{500 \times 4}{8} = 250$$

$$\overline{N_{cu}} = N_{cu} + 3\sqrt{N_{cu}} = 250 + 3\sqrt{250} = 297$$

这个得出的仅仅是理论值，实际情况会有所不同。那么该如何根据实际情况模拟产生并发用户数呢？虽然在 Controller 中可以让多个虚拟用户一起开始运行脚本，但由于计算机的串行处理机制，脚本的运行随着时间的推移并不能完全同步。此时，需要使用 LoadRunner 提供的集合点(Rendezvous)。集合点是在虚拟用户脚本中手工设置了一个标志，以确保多个虚拟用户同时执行后续操作。设置集合点后，当某个虚拟用户率先到达集合点时，该虚拟用户将进行等待(代表该虚拟用户的进程或线程将被挂起)，直到参与集合的全部虚拟用户都到达集合点后，Controller 将释放所有这些虚拟用户，使其继续共同对被测目标系统施压。

注意：仅能向虚拟用户脚本中的 Action 部分添加集合点。

集合点是一种特殊情况下的并发执行，通常是在以优化为目的的性能测试中才会使用，主要是为了对被测目标系统的某些模块、组件进行有针对性的施压，以便找到性能瓶颈。而在以评测为目的的性能测试中，用户更关心的是业务上的并发执行(即同一时刻有多个不同的业务模块、组件被用户访问)，通常这种情况下不需要设置集合点。

6.3.3 思考时间

负载测试的目标是为了考量在一个已知的环境下被测目标系统的预期值是多少。因此，通常在进行负载测试的时候需尽可能地模拟真实的用户使用情况。而在真实的使用情况下，在用户的两个连续操作之间，都会存在一个时间段，不会向被测目标系统发起请求。例如，当用户单击注册按钮看到注册页面后，用户可能要完成阅读用户告知信息、切换输入法、录入用户基本信息等操作，而这些操作都要耗费一些时间才能完成；或者当用户向服务器发起一次搜索请求之后，要在得到的结果中定位寻找真正有用的结果，这样也要花费一定的阅读时间。在 LoadRunner 中，将存在于两个操作之间的空白时间段称为**思考时间**(Think Time)。

在录制虚拟用户脚本时，如果不去更改默认的设置，LoadRunner 会自动在生成的脚本中插入用户的思考时间。实际上，在思考时间内，用户不会向被测目标系统发起请求，即不会给服务器带来负载。读者可能会认为：在负载测试时去掉思考时间，这样才能给服务器更大的压力。这需要考虑测试的目标究竟是什么，是为了模拟真实情况下服务器的工作情况，还是为了定位极限情况下被测目标系统的瓶颈点。

那么，如果需要加入思考时间，多长的思考时间合适呢？通常情况下，思考时间在 3～10 s 比较合适。但是，还需要根据实际的业务场景和用户情况而定。例如，要完成用户注册，对于一个使用计算机较为熟练的用户，填写用户名、密码、确认密码、手机、邮箱等基本信息可能仅需要 10 s 左右，而对于一个计算机操作不熟练的用户，它所消耗的时间会更长。因此，在确定脚本中思考时间时，应该充分理解测试场景中的相关信息，再确定思考时间的长短。

虚拟用户使用 lr_think_time 函数模拟用户思考时间。录制虚拟用户脚本时，VuGen 将录制实际的思考时间，并将相应的 lr_think_time 语句插入到虚拟用户脚本中。可以编辑已录制的 lr_think_time 语句，也可以向虚拟用户脚本中手动添加其他 lr_think_time 语句。以下函数说明虚拟用户需要等待 8 s，才执行下一个操作：

```
lr_think_time(8);
```

此外，可以通过设置参数来影响运行脚本时虚拟用户录制思考时间的方式。并且，在分析报告中，也可以通过设置参数来过滤掉所有思考时间带来的影响。

6.4 对 JForum 论坛进行负载测试

本次实验中，将模拟 10 个用户并发地登录和退出 JForum 论坛的场景，持续运行 5 分钟。首先需要在 JForum 系统中注册 test01～test10 共 10 个用户，并设置相应的密码。

使用 LoadRunner 对 JForum 论坛进行测试，需要经过以下步骤：
(1) 录制脚本，创建虚拟用户；
(2) 创建场景；
(3) 运行测试；
(4) 形成测试报告，分析结果。

6.4.1 创建虚拟用户

1. 创建用户登录和登出的虚拟用户脚本

打开 LoadRunner 程序，首先看到的是加载器(Launcher)，如图 6-2 所示，在加载器组件中单击"创建/编辑脚本(Create/Edit Script)",这时可以打开虚拟用户生成器(VuGen)组件的起始页。另外两个选项分别是"运行负载测试(Run Load Tests)"和"分析测试结果(Analyze Test Result)"。

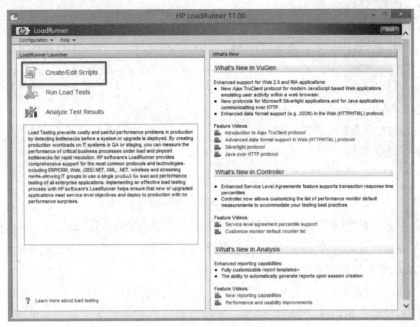

图 6-2 LoadRunner11.00 窗口

如图 6-3 所示,在 Virtual User Generator 的欢迎界面中,单击最左侧的新建虚拟用户脚本按钮。将打开"新建虚拟用户"对话框,显示"新建单协议脚本"选项。

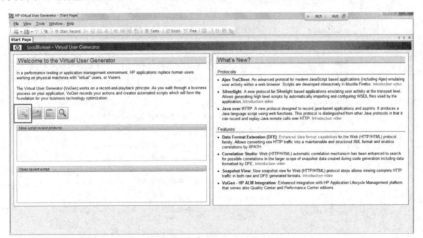

图 6-3 虚拟用户生成器界面

在如图 6-4 所示的新建虚拟用户弹出窗口中,确保类别(Category)是热门协议(Popular Protocols),此时 VuGen 将列出适用于单协议脚本的所有协议。在列表中选择"Web (HTTP/HTML)",并单击"创建(Create)"按钮,创建一个空白 Web 脚本。在实际测试中不一定全部是这个协议,根据实际情况而定,可以询问开发人员。

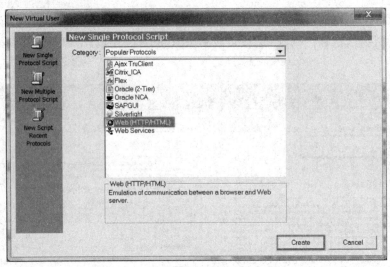

图 6-4 新建虚拟用户弹出窗口

注意：在多协议脚本中，高级用户可以在录制一个会话期间，录制多个协议。在本书中，测试人员将创建一个 Web 类型的协议脚本。录制其他类型的单协议或多协议脚本的过程与录制 Web 脚本的过程类似。

单击"创建"按钮之后，首先会打开一个左侧是任务向导的欢迎页面，如图 6-5 所示，从左侧的任务向导，可以完成使用 VuGen 录制虚拟用户脚本的所有动作。测试人员可以单击"下一步(Next)"按钮在向导的指导下完成脚本制作过程。

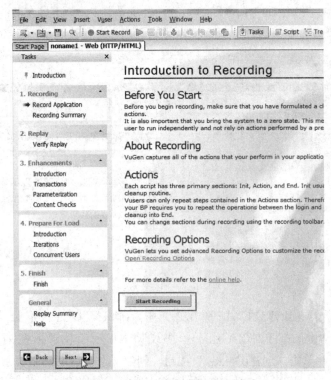

图 6-5 VuGen 录制向导欢迎页面

VuGen 的向导将指导测试人员逐步完成创建脚本，并使其适应测试环境。任务窗格列出脚本创建过程中的各个步骤或任务。在执行各个步骤的过程中，VuGen 将在窗口的主要区域显示详细说明和指示信息。测试人员也可以自定义 VuGen 窗口来显示或隐藏各个工具栏。要显示或隐藏工具栏，则选择"视图"，再选择"工具栏"，并选中或不选中目标工具栏旁边的复选标记。通过打开"任务"窗格并单击其中一个任务步骤，可以随时返回到 VuGen 向导。

单击"开始录制(Start Recording)"按钮，开始进行虚拟用户脚本的录制工作，LoadRunner 将会弹出一个如图 6-6 所示的对话框。

图 6-6 开始录制对话框

在正式开始录制脚本之前，测试人员需要填写完善对话框中的信息。由于被测系统是 JForum 论坛，它是一个 Web 应用程序，所以需要使用浏览器进行访问。应确保"应用程序类型(Application type)"选中的是"互联网应用(Internet Applications)"，并且我们将使用 Windows 操作系统自带的 IE 浏览器，作为客户端访问 JForum 论坛，所以"录制程序(Program to record)"应选择"Microsoft Internet Explorer"。

接下来，在"URL 地址"中填入 JForum 论坛的访问链接地址：

http://10.254.73.20:8080/jforum/forums/list.page

注意：此处需要读者将其替换成论坛实际访问的 IP 地址。

其他内容请保持默认，其中"工作目录(Working directory)"是用来保存录制产生的脚本以及保存后续记录测试日志、监控数据等内容的存储空间，默认是在 LoadRunner 中安装的空间，也可以单击右侧的"..."选择其他的目录。

"录制到 Action(Record into Action)"对应的下拉列表选择"Action"，这是因为本例子中仅有测试用户注册这一简单的操作，所以将其直接放于 Action 部分。实际测试工作中，读者需要根据实际测试情况决定将录制内容放置于哪一部分。

注：为了避免 IE 浏览器在打开网站时出错，请确保此时 Web 服务器(即 Tomcat 服务)正在运行，如图 6-7 所示，且保证在整个测试过程中不会关闭该窗口。

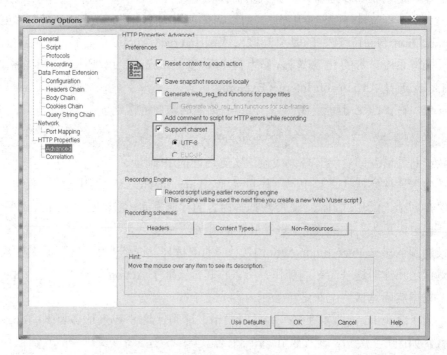

图 6-7 Tomcat 运行窗口

此外，根据经验，给出读者如下建议：

(1) 建议在测试过程中，应该时刻关注 Tomcat 窗口中是否有异常抛出；

(2) 选中"Record the application startup"，这样会记录 IE 浏览器在访问应用时做的初始化工作；

(3) 如图 6-8 所示，单击"选项(Options)"，找到"高级(Advanced)"，在"支持字符集(Support chartset)"选择"UTF-8"，这样可以对中文字符集有更好地支持，避免脚本中出现乱码。

图 6-8 录制高级选项

单击"OK"按钮之后，LoadRunner 窗口会自动关闭，并会自动打开 IE 浏览器，弹出如图 6-9 所示的浮动控制窗口，此时 Web 页面上的所有操作都会被录制下来，形成脚本。建议测试人员在录制的过程中添加事务，也可在录制结束后再添加，前提是必须对每个请求都非常熟悉，清楚地知道某个操作对应的是哪几个请求。

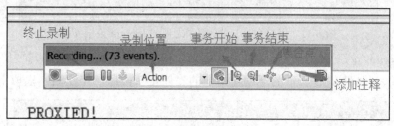

图 6-9　录制时弹出的浮动窗口

接下来，就需要在 IE 浏览器中模拟真实用户登录和退出 JForum 论坛的过程。在如图 6-10 所示的 IE 浏览器中，单击"登入"连接，打开如图 6-11 所示的用户登录窗口。

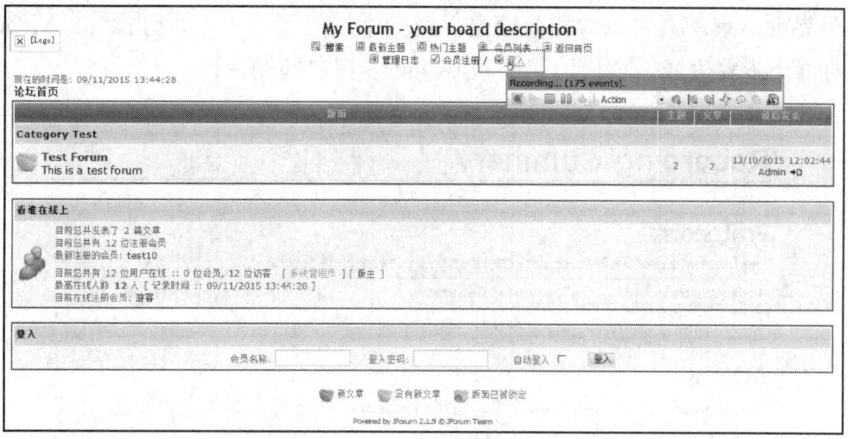

图 6-10　JForum 论坛的欢迎页面

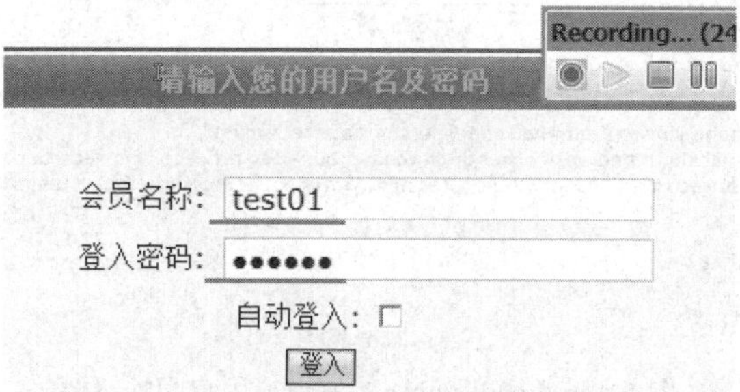

图 6-11　JForum 论坛用户登录窗口

输入准备测试时已经注册过的用户名和密码，单击"登入"按钮，向服务器发起登录请求。

完成登录之后，如果一切正常，用户将看到如图 6-12 所示的界面，此时不做其他操作，直接单击"注销[test01]"连接，完成用户注销操作。

图 6-12 用户 test01 成功登录之后的 JForum 论坛界面

退出 JForum 论坛之后,已经完成了"登录"和"退出"操作,此时需要停止虚拟用户脚本录制。单击如图 6-13 所示的浮动窗口上的"停止"按钮,停止录制虚拟用户脚本。

图 6-13 单击停止录制按钮退出录制

当 LoadRunner 停止录制脚本之后,会出现如图 6-14 所示的"录制概要(Recording Summary)"界面。录制概要包含协议信息以及会话期间创建的一系列操作。VuGen 为录制期间执行的每个步骤生成一个快照,即录制期间各窗口的图片。

图 6-14 LoadRunner 录制虚拟用户脚本概要

单击如图 6-15 所示工具栏上的"保存"按钮,保存刚刚录制的虚拟用户脚本。

图 6-15 工具栏中的"保存"按钮

在弹出的如图 6-16 所示的对话框中,输入需要保存的文件名,如 login-logout,单击"Save"按钮保存虚拟用户脚本。

图 6-16　保存录制的虚拟用户脚本

2. 查看录制的脚本

在如图 6-17 所示的录制概要界面中,单击左侧的"Actions"连接,可以查看刚刚录制的虚拟用户脚本。同时,在该界面的右侧,还可以看到录制脚本过程中 VuGen 自动保存的用户操作界面的截图。后续校验时可以根据该截图比对脚本,查看是否存在问题。

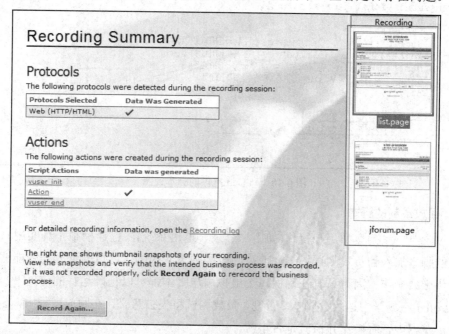

图 6-17　录制概要界面

可以在 VuGen 中查看刚刚录制的虚拟用户脚本。VuGen 提供了"树视图"和"脚本视图"两种查看脚本的方式。树视图是一种基于图标的视图，将虚拟用户的操作以步骤的形式列出，而脚本视图是一种基于文本的视图，将虚拟用户的操作以函数的形式列出，如图 6-18 所示。测试人员可以在该窗口中直接输入 C 或 LoadRunner API 函数以及控制流语句，对虚拟用户脚本进行编辑。要在 VuGen 中进入脚本视图，可以在菜单栏中选择"视图"，再选择"脚本视图"，或者单击"脚本"按钮。

```
Action()
{
    web_add_cookie("jforumUserId=3; DOMAIN=10.254.73.20");

    web_url("list.page",
        "URL=http://10.254.73.20:8080/jforum/forums/list.page",
        "Resource=0",
        "RecContentType=text/html",
        "Referer=",
        "Snapshot=t4.inf",
        "Mode=HTML",
        EXTRARES,
        "Url=../templates/default/styles/zh_CN.css?1447040922170", ENDITEM,
        "Url=../templates/default/styles/style.css?1447040922170", ENDITEM,
        "Url=../templates/default/images/button.gif", ENDITEM,
        "Url=../templates/default/images/cellpic3.gif", ENDITEM,
        "Url=../templates/default/images/cellpic1.gif", ENDITEM,
        "Url=/favicon.ico", "Referer=", ENDITEM,
        LAST);

    web_link("锏诲瘜",           ← 登录
        "Text=锏诲瘜",
        "Snapshot=t5.inf",
        LAST);

    web_submit_form("jforum.page",
        "Snapshot=t6.inf",
        ITEMDATA,
        "Name=username", "Value=test01", ENDITEM,
        "Name=password", "Value=test01", ENDITEM,    ← 用户名和密码
        "Name=autologin", "Value=<OFF>", ENDITEM,
        "Name=login", "Value=锏诲瘜", ENDITEM,
        LAST);

    web_link("娉ㄥ嚭 [test01]",
        "Text=娉ㄥ嚭 [test01]",        ← 退出
        "Snapshot=t7.inf",
        LAST);
```

图 6-18 VuGen 提供的脚本视图

3．回放录制的脚本

通过录制一系列典型用户操作(如用户登录、退出系统)，已经模拟了真实用户操作。将录制的脚本加入到负载测试场景之前，回放刚刚录制的脚本，以验证其是否能够正常运行每一步必要操作。因为只有在确保每个虚拟用户脚本都可以正确运行的前提下，才能通过 Controller 在场景中运行该脚本。否则，负载测试将失去意义。在回放过程中，测试人员可以在浏览器中查看操作并检验是否正常。

在如图 6-19 所示的向导页面中，单击"Tasks"中的"Verify Replay"按钮，回放已经录制的脚本，检查该脚本是否可以正确执行。

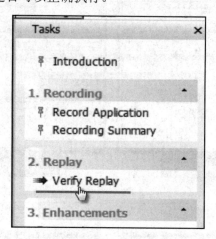

图 6-19　向导中的回放操作

回放成功后，出现图 6-20 所示的提示，此时仅能说明录制脚本执行正确。

图 6-20　脚本回放校验结果

若需要确保运行逻辑正确，需要对比录制的脚本和快照的差别，如图 6-21 所示。

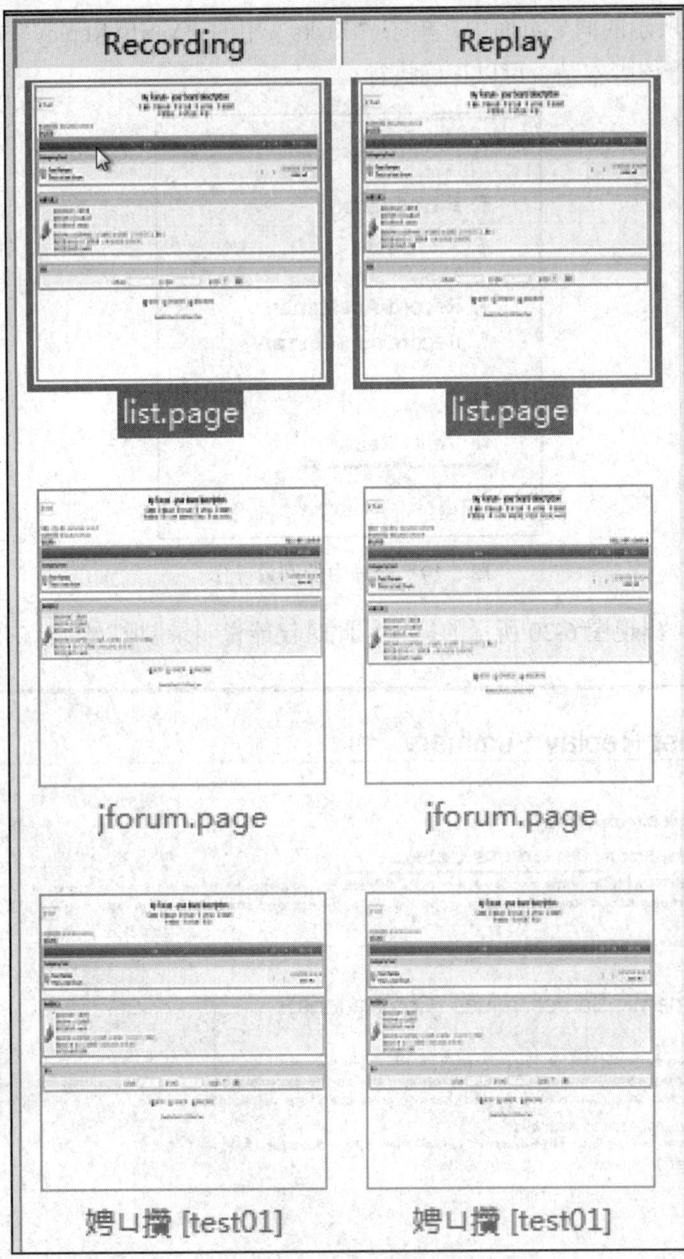

图 6-21　回放结果对比

4．添加事务

确认录制脚本正确之后，在使用该脚本进行负载测试之前，需要对脚本进行增强处理，包括添加事务、参数化、设置集合点等操作。本次试验中，仅需要进行添加事务和参数化两步操作。

观察图 6-18 中生成的脚本，位于 Action 部分的脚本实际上由登录和注销两个操作组成。在不添加事务的时候，LoadRunner 会将两个操作的完成时间记录在一起。而实际上我们希望分别得到不同事务的处理时间,因此我们需要在 Action 部分增加事务。LoadRunner 收集关于事务执行时间长度的信息,并将结果显示在用不同颜色标识的图和报告中。测试人员可以通过这些信息,了解应用程序是否符合最初的要求。操作时,可以在脚本中的任意位置手动插入事务。在脚本中将用户步骤标记为事务的方法,是在事务的第一个步骤前面放置一个开始事务标记,并在最后一个步骤后面放置一个结束事务标记。

在如图 6-22 所示的向导界面中,单击"Add Transaction"链接,将打开事务创建向导。

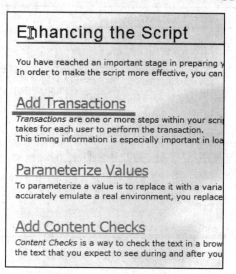

图 6-22 强化脚本界面

在如图 6-23 所示的事务创建向导中,单击右侧的"New Transaction"按钮,可以先后添加 login 和 logout 两个事务。

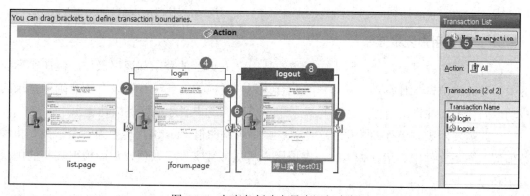

图 6-23 在事务创建向导中添加事务

单击"New Transaction"按钮,可以将事务标记拖放到脚本中的指定位置。向导会提示插入事务的起始点,使用鼠标将事务的开括号拖到名为"jforum.page"的第二个缩略图前面,并单击将其放下,然后,向导将提示插入结束点,使用鼠标将事务的闭括号拖到名为"jforum.page"的第二个缩略图后面,并单击将其放下。最后,向导会提示输入事务名称,输入"login"并按回车键结束录入。

重复上述步骤,在第三个缩略图前后分别插入事务开始和结束标志,创建名为"logout"的新事务。

单击"Script"按钮,可以切换到脚本视图,在该视图中,可以查看到刚刚添加的事务源代码,如图6-24所示。

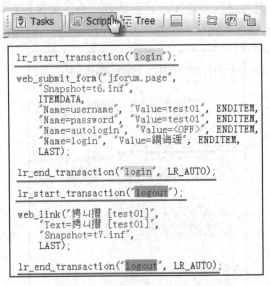

图6-24 在脚本视图下事务的源代码

其中,lr_start_transaction 函数表示事务的开始,括号中传递的字符串参数表示开始事务名称。lr_end_transaction 函数表示事务的介绍,括号中传递的第一个字符串参数表示结束事务名称,要和 lr_start_transaction 函数的一致,第二个参数的含义是由 LoadRunner 自动控制结束的方式。

5. 参数化用户登录信息

在脚本视图中可以发现,脚本中记录的是用户 test01 的登录和退出操作。但在实际业务中,要改进测试,使得不同的用户名配合该用户对应的密码进行登录,才能确保登录的成功。同样的,注销时也需要使用与登录用户相同的用户名才能确保成功退出。

为此需要对脚本进行参数化。这意味着要将录制的值"test01"替换为一个参数。将参数值放在参数文件中。运行脚本时,虚拟用户将从参数文件中取值,从而模拟真实的用户登录和退出业务。

选择"视图",再选择"树视图",进入树视图;或者单击"Tree"按钮进入树视图,如图6-25所示。

图6-25 切换到树视图

在如图 6-26 所示的树视图中,双击"Submit Data: jforum.page"步骤,打开"Submit Form Step Properties"对话框,对提交表单中的数据进行操作。

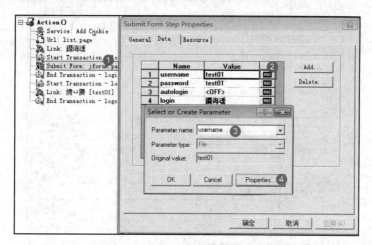

图 6-26 从树视图中进行参数化

单击第一行"username"对应右侧的"ABC"按钮,在弹出对话框的"参数名"输入框中输入"username",单击"Properties"按钮。

对表单中的数据 username 进行参数化。在图 6-27 所示的参数属性对话框中,输入文件名"userinfo.dat",单击"Create Table"按钮。LoadRunner 将提示该参数文件不存在,提示是否创建。在弹出的对话框中单击"确定"按钮,确定创建名为"userinfo.dat"的参数文件。

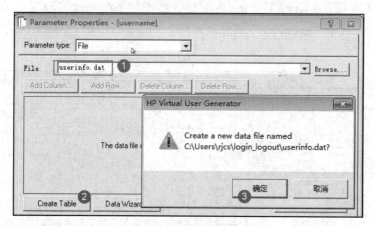

图 6-27 参数属性对话框

参数文件可以理解为是一个类似 Excel 的二维电子表格,每一行由编号索引,每一列对应不同的参数。

在图 6-28 所示的对话框中,可以对参数属性文件进行编辑。通过"Add Column"和"Add Row"按钮,增加用户名和密码字段,录入测试准备阶段在 JForum 论坛中注册的 test01～test10 十个用户的信息。

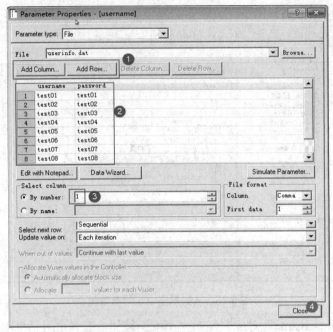

图 6-28　编辑参数属性对话框

在"By number"输入框中输入 1，表示"username"属性值来自于"userinfo.dat"参数文件的第一列。然后单击"Close"按钮，完成对"username"属性的参数化。测试更改数据的方式，接受默认设置，让 VuGen 为每次迭代取顺序值而不是随机值，即"选择下一行"对应的值是"顺序"，"值更新时间"对应的值是"每次迭代"。

以相同的方式将 password 参数化，区别是参数名为"password"，在对应的"By number"输入框中输入 2，表示"password"属性值来自于"userinfo.dat"参数文件的第二列，如图 6-29 所示。

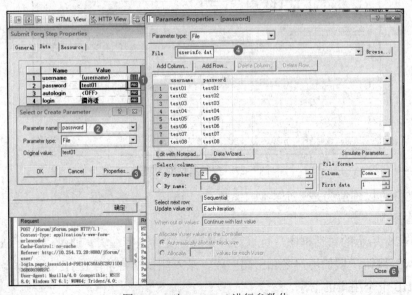

图 6-29　对 password 进行参数化

完成 username 和 password 的参数化,单击"确定"按钮,如图 6-20 所示。

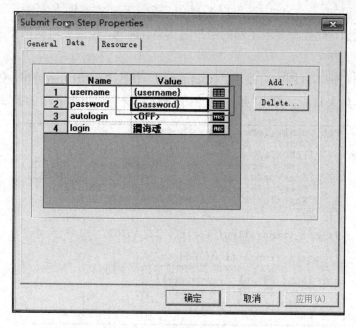

图 6-30 完成参数化之后的对话框

此时再次切换到脚本视图,可以查看到 username 和 password 被参数化,即之前的"test01"被相应的大括号包含的"{username}"和"{password}"所替换,如图 6-31 所示。

```
web_submit_form("jforum.page",
    "Snapshot=t6.inf",
    ITEMDATA,
    "Name=username", "Value={username}", ENDITEM,
    "Name=password", "Value={password}", ENDITEM,
    "Name=autologin", "Value=<OFF>", ENDITEM,
    "Name=login", "Value=锟海璎", ENDITEM,
    LAST);

lr_end_transaction("login", LR_AUTO);

lr_start_transaction("logout");

web_link("烤凵撂[test01]",
    "Text=烤凵撂[test01]",
    "Snapshot=t7.inf",
    LAST);
```

图 6-31 查看 username 和 password 参数化后的结果

注意:此前虽然都是"test01",但是相同的字符串代表不同的含义,一个是指用户名是"test01",另一个是指"test01"用户对应的密码是"test01"。因此,在参数化之后,相同的字符串"test01"被不同的参数所替换。

注意在图 6-31 中,"logout"事务中也存在着两个"test01"字符串。通过对 JForum 论坛的源代码分析可知,这个地方是用户"test01"登录后,在页面上方显示的注销连接。在不同用户登录之后,此处将显示不同的用户名信息,因此,也需要对这两个字符串"test01"进行参数化。

可以简单地在脚本视图中直接用"{username}"替换"test01"字符串,如图 6-32 所示。替换完成之后,如果相应字符串的颜色发生了变化,说明退出事务中的参数化完成。

```
web_submit_form("jforum.page",
    "Snapshot=t6.inf",
    ITEMDATA,
    "Name=username", "Value={username}", ENDITEM,
    "Name=password", "Value={password}", ENDITEM,
    "Name=autologin", "Value=<OFF>", ENDITEM,
    "Name=login", "Value=鍩诲綍", ENDITEM,
    LAST);

lr_end_transaction("login", LR_AUTO);

lr_start_transaction("logout");

web_link("娉ㄩ攢 [{username}]",
    "Text=娉ㄩ攢 [{username}]",
    "Snapshot=t7.inf",
    LAST);
```

图 6-32 对 logout 事务中的字符串进行参数化

最后,保存对脚本的修改,完成虚拟用户脚本的制作并关闭 VuGen。

6.4.2 创建场景

负载测试是指在典型工作条件下测试应用程序,例如,多家旅行社同时在一个机票预订系统中预订机票。

测试人员需要设计测试用例来模拟真实情况。为此,测试人员要能够在应用程序上生成较重负载,并指定向系统施加负载的时间。特殊情况下,可能还需要模拟不同类型的用户活动和行为。例如,一些用户可能使用其他浏览器访问被测目标系统,或者可能使用移动网络接入被测目标系统。在场景中都可以创建并保存这些设置。Controller 将提供所有用于创建和运行测试的工具,帮助准确模拟工作环境。

关闭 VuGen 之后,将回到 Launcher 界面,如图 6-33 所示。单击"Run Load Tests"连接,将打开 Controller 创建新场景。

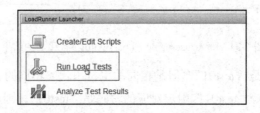

图 6-33 运行负载测试

Controller 提供了两种场景类型：

(1) 通过手动场景可以控制正在运行的虚拟用户数目及其运行时间，还可以测试出应用程序能够同时运行的虚拟用户数目。可以使用百分比模式，根据业务分析员指定的百分比在脚本间分配所有的虚拟用户。安装后首次启动虚拟用户时，默认选中百分比模式复选框。

(2) 面向目标的场景用来确定系统是否可以达到特定的目标。例如，LoadRunner 可以根据指定的事务响应时间、每秒单击数或事务数确定目标，然后自动创建场景。

在图 6-34 所示的窗口中，选择"Manual Scenario"，由测试人员手动生成场景。然后选择 login_logout 脚本，单击"Add"按钮，将 login_logout 脚本加入到新场景中。最后，单击"OK"按钮，完成创建新场景。

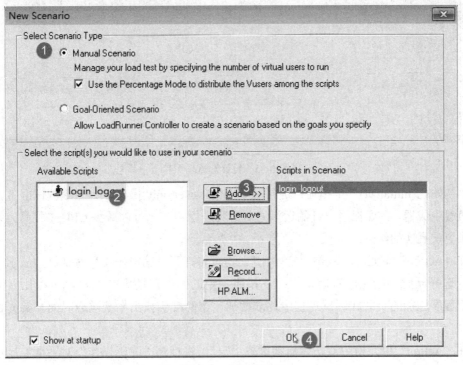

图 6-34　创建新场景

1．场景计划

在"场景计划(Scenario Schedule)"窗口中，设置加压方式以准确模拟真实用户行为。可以根据运行虚拟用户的计算机、将负载施加到应用程序的频率、负载测试持续时间以及负载停止方式来定义操作。

用户不会同时登录和退出系统。LoadRunner 允许用户逐步登录和退出系统。它还可以确定场景持续时间和场景停止方式。下面将要配置的场景相对比较简单，在设计更能准确地反映现实情况的场景时，可以定义更真实的虚拟用户活动。

在图 6-35 所示的界面中，给场景命名"login-logout"，然后分别设置"Start Vusers"、"Duration"和"Stop Vusers"。

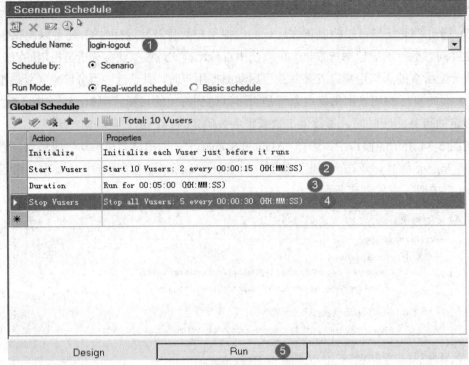

图 6-35 设计测试场景

"初始化(Initialize)"是指通过运行脚本中的 vuser_init 操作,为负载测试准备虚拟用户和负载生成器。在虚拟用户开始运行之前对其进行初始化可以减少 CPU 占用量,并有利于提供更加真实的结果。

在"Action"单元格中双击"初始化"。这时将打开"编辑操作"对话框,显示初始化操作。选择同时初始化所有虚拟用户。按照一定的间隔启动虚拟用户,可以让虚拟用户对应用程序施加的负载在测试过程中逐渐增加,帮助准确找出系统响应时间开始变长的转折点。

在"Action"单元格中双击"启动虚拟用户",将打开"编辑操作"对话框,显示启动虚拟用户操作。在"开始 X 个虚拟用户"框中,输入 10 个虚拟用户并选择第二个选项:每 00:00:15(15 秒)启动两个虚拟用户。

测试人员指定本次测试的持续时间,确保虚拟用户在特定的时间段内持续执行计划的操作,以便评测服务器上的持续负载。如果设置了持续时间,脚本会运行这段时间内所需的迭代次数,而不考虑脚本运行时所设置的迭代次数。在"Action"单元格中,单击持续时间或图中代表持续时间的水平线。这条水平线会突出显示,并且在端点处显示点和菱形。将菱形端点向右拖动,直到括号中的时间显示为 00:06:00,此时已设置虚拟用户运行 5 分钟。

建议逐渐停止虚拟用户,以帮助应用程序在达到阈值后,检测内存漏洞并检查系统恢复情况。在"Action"单元格中双击"停止虚拟用户"。这时将打开"编辑操作"对话框,显示停止虚拟用户操作。选择第二个选项并输入以下值:每隔 00:00:30(30 秒)停止 5 个虚拟用户，然后单击"Run"按钮，切换到运行界面。

2. 增加 Load Generator

向场景中添加脚本后，可以配置生成负载的计算机(即负载生成器，Load Generator)。负载生成器是通过运行虚拟用户，在应用程序中生成负载的计算机。负载生成器通过操作系统上的进程或者线程来运行虚拟用户脚本，从而模拟真实用户的行为。因此，一台配置固定的计算机能够有效运行的虚拟用户数量是有限的。如果希望运行的虚拟用户数量超过了一台负载生成器运行虚拟用户数的最大值，就需要多使用几个负载生成器。一个 Controller 可以使用多个负载生成器，并在每个负载生成器上运行多个虚拟用户。

此外，Controller 可以使用的负载生成器的数量以及可以运行的虚拟用户数量还和购买的许可证有关。

初次运行 Controller 时，可以使用的负载生成器列表是空的，需要测试人员手工添加。在图 6-36 所示的界面单击"Load Generators"按钮，然后在弹出的对话框中单击"Add"按钮，再在弹出对话框的 Name 输入框中输入"localhost"，单击"OK"按钮，将本机添加到 Controller 的控制中。

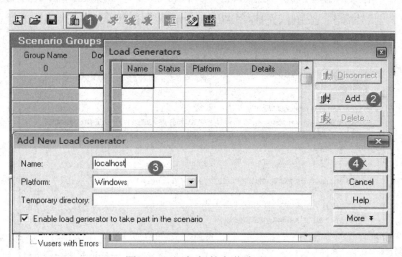

图 6-36　添加新的负载生成器

当然，如果添加的服务器与 Controller 不在同一台服务器上运行，则需要输入对应服务器的 IP 地址或主机名，并选中正确的操作系统。

添加成功之后，名为"localhost"的负载生成器将出现在负载生成器列表中，并且状态为连接状态，如图 6-37 所示。

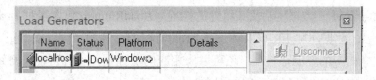

图 6-37　添加成功的 localhost 负载生成器

3. 设置被监控的 Windows 系统

为了能够在 Controller 中监视运行被测目标系统时 Windows 系统的资源使用情况，需要手工在 Windows 上进行如下操作。

进入被监视的 Windows 系统，在"开始"菜单的"运行"中(可以用 Win+R 快捷键)输入 services.msc，打开如图 6-38 所示的服务管理器。在服务列表中，开启 Remote Procedure Call(RPC) 和 Remote Registry 两个服务。

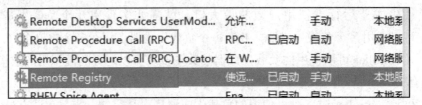

图 6-38　Windows 操作系统的服务管理器

如果在被监视的 Windows 系统中，管理员帐户没有密码，则需要进行如下操作，为其添加密码。在控制面板中，依次进入"用户帐户"和"家庭安全\用户帐户\管理帐户"，选择管理员帐户，单击"创建密码"连接，打开如图 6-39 所示的界面，输入密码，如 123456。最后，单击"创建密码"按钮，完成给 Administrator 添加密码"123456"的操作。

图 6-39　为 Administrator 创建密码

4. 增加对 Windows 主机的监控

对被测目标系统生成重负载时，测试人员可能希望实时了解应用程序的性能以及潜在的瓶颈。此时，使用 LoadRunner 自带的一套集成监控器，可以评测负载测试期间，被测目标系统所在服务器每一层的性能及其组件的性能。LoadRunner 包含多种后端系统组件(如 Web、应用程序、数据库和 ERP/CRM 服务器)的监控器。例如，可以根据正在运行的 Web 服务器类型选择相应的资源监控器。还可以为相应的监控器购买许可证，例如 IIS，然后使用该监控器精确定位 IIS 资源中反映的问题。

本次实验中，仅考查被测目标系统所用操作系统的性能指标。在 Controller 窗口中的运行选项卡中打开"Run"视图,可以发现"Windows Resources"是显示在图查看区域的四个默认图中的一个。在如图 6-40 所示的界面中,右键单击"Windows Resources"监视窗口,在弹出的菜单中选择"Add Measurements"按钮。

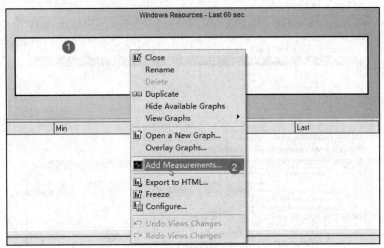

图 6-40 添加度量窗口

在弹出的 Windows 资源窗口中,单击"Add"按钮,然后在弹出的"Add Machine"对话框的 Name 输入框中输入运行 Tomcat 服务器的 IP 地址,如"10.254.73.20",选择 Platform 为"Windows Vista",单击"OK"按钮,将测试机添加到监控中,如图 6-41 所示。

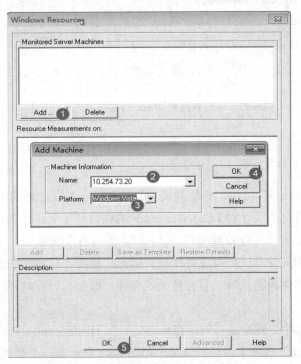

图 6-41 添加被监控的 Windows 服务器

单击"Add"按钮之后,如果需要安全认证,则 Controller 会弹出一个对话框。如图 6-42

所示，在弹出的对话框中，输入被监控的 Windows 操作系统管理员的用户名"administrator"和密码"123456"。单击"OK"按钮，完成被监控服务器的用户名和密码的设置。最后，单击"保存"按钮，保存修改后的场景。

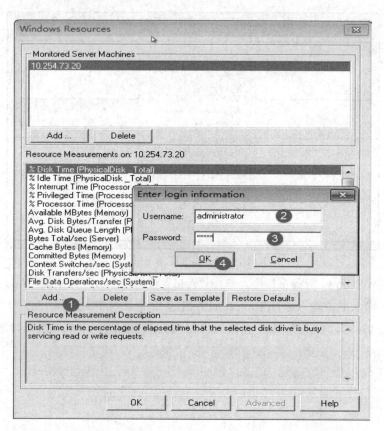

图 6-42　填写被监控 Windows 服务器的认证信息

6.4.3　执行测试

单击"Start Scenario"按钮，开始测试。如果是第一次执行测试，Controller 会开始运行场景，结果文件将自动保存到 Load Generator 的临时目录下。如果是重复测试，系统会提示覆盖现有的结果文件。建议此时单击"No"，因为首次负载测试的结果应该作为基准结果，用来与之后的负载测试结果进行比较。因此，需要为后面再次测试的结果指定新的结果目录。为每个结果集输入唯一且有意义的名称，因为在分析时可能要将多次场景运行的结果重叠。

在运行测试过程中，观察运行时的指标参数，如 Hits/Second、Passed Transactions 等。在 Controller 的"Run"选项卡中，默认显示如图 6-43 所示的四个联机图：

(1)　"正在运行 Vuser - 整个场景"图：显示在指定时间运行的虚拟用户的数量。

(2)　"事务响应时间 - 整个场景"图：显示完成每个事务所用的时间。

(3) "每秒点击次数 - 整个场景"图:显示场景运行期间虚拟用户每秒向 Web 服务器提交的点击次数,即发往服务器的 HTTP 请求数。

(4) "Windows 资源"图:显示场景运行期间评测的 Windows 资源。

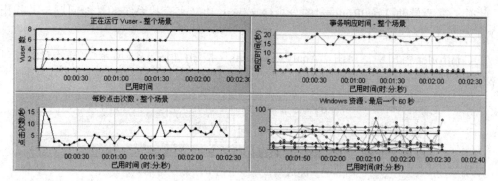

图 6-43　默认的四个联机图

在"场景状态(Scenario Status)"窗口中查看正在运行的场景概要,如图 6-44 所示,深入了解是哪些虚拟用户的操作导致应用程序出现了问题。过多的失败事务和错误说明应用程序在负载下的运行情况没有达到原来的期望。

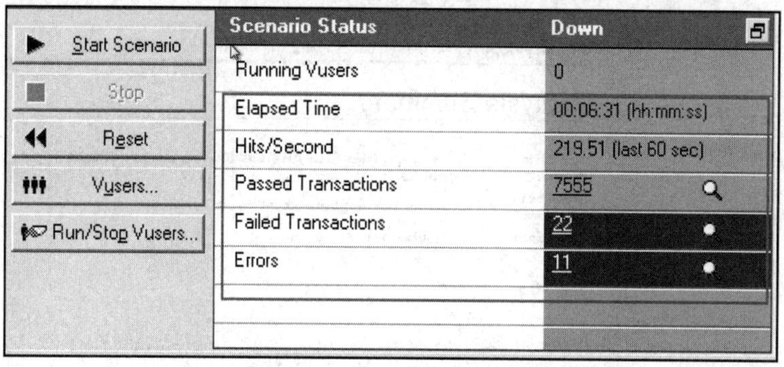

图 6-44　场景状态窗口

如果应用程序在重负载下启动失败,可能是出现了错误和失败的事务。Controller 将在输出窗口中显示错误消息,可以了解消息文本、生成的消息总数、发生错误的虚拟用户和负载生成器以及发生错误的脚本。

要查看消息的详细信息,可选择该消息并单击"Details"打开"详细信息文本"框,显示完整的消息文本。也可以单击相应列中的深色链接,来查看与错误代码相关的每个消息、虚拟用户、脚本和负载生成器的信息。

6.4.4　分析场景

在完成测试后,测试人员或用户都可能希望得到如下问题的答案:
(1) 是否达到了预期的测试目标?
(2) 在负载下,对用户终端的事务响应时间是多少?

(3) 事务的平均响应时间是多少？

(4) 系统的哪些部分导致了性能下降？

(5) 网络和服务器的响应时间是多少？

此时，需要借助 LoadRunner 的分析(Analysis)功能来查找系统的性能问题，并找出这些问题的根源。

在 Controller 窗口中，单击"Analyze Results"按钮(如图 6-45 所示)，开始对测试结果进行分析。

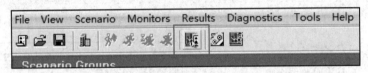

图 6-45　完成测试场景之后分析测试结果

LoadRunner 会根据测试过程的日志数据生成测试报告，最后形成如图 6-46 所示的测试分析概览。

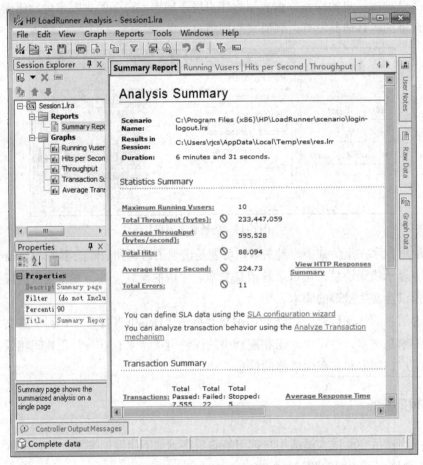

图 6-46　测试分析概览

如图 6-47 所示，单击"保存"按钮，保存测试报告。

图 6-47 保存测试报告

1. 服务水平协议(SLA)

服务水平协议(SLA)是根据用户需求，为负载测试场景定义的具体目标。Analysis 将这些目标与 LoadRunner 在运行过程中收集和存储的性能相关数据进行比较，然后确定目标的 SLA 状态(通过或失败)。例如，可以定义具体的目标或阈值，用于评测脚本中任意数量事务的平均响应时间。测试执行结束后，LoadRunner 将之前定义的目标与实际录制的平均事务响应时间进行比较。Analysis 显示每个已定义 SLA 的状态，是通过测试还是失败。如果实际的平均事务响应时间未超过定义的阈值，则 SLA 状态为通过；反之为失败。

作为目标定义的一部分，测试人员可以指示 SLA 将负载条件考虑在内。这意味着可接受的阈值将根据负载级别(如运行的虚拟用户数量、吞吐量等指标)有所更改。随着负载的增加，测试人员可能会允许更大的阈值。根据定义的目标，LoadRunner 将用下列方式之一来确定 SLA 状态：

(1) 通过时间线中的时间间隔确定 SLA 状态。在运行过程中，Analysis 按照时间线上的预设时间间隔，如每 5 s 显示 SLA 状态。

(2) 通过整个运行确定 SLA 状态。Analysis 为整个场景运行显示一个 SLA 状态，可以在 Controller 中运行场景之前定义 SLA，也可以在稍后的 Analysis 中定义 SLA。

2. 概要报告

在如图 6-46 所示的统计信息概要表部分，可以看到这次测试最多运行了 10 个虚拟用户。另外还记录了其他统计信息，如总吞吐量、平均吞吐量以及总点击数、平均点击数等信息供测试人员参考。

3. 使用关联数据分析原因

有些时候，可以在错误信息中直接判断系统的瓶颈点。但更多的时候，真实的原因可能被隐藏得很深。

此时,将"运行的虚拟用户"图与"平均事务响应时间"图进行关联,就可以发现一个图的数据对另一个图的数据产生的影响。关联之后,在新生成的关联图中可以发现:随着虚拟用户数目的增加,login 事务的平均响应时间也在逐渐延长。也就是说,随着负载的增加,平均响应时间也在平稳地增加。特别地,当运行 86 个虚拟用户时,平均响应时间会突然急剧拉长,这可能是运行被测目标系统的 Tomcat 服务器崩溃导致的。同时,运行的虚拟用户超过 86 个时,响应时间会明显开始变长。

上述仅仅是发现了现象,但是造成这一问题的原因是什么呢?

Analysis 的自动关联工具能够合并所有包含某些数据(这些数据会对 login 事务的响应时间产生影响)的图,并找出问题的原因。在自动关联图的"度量"列中可以看到 Private Bytes 和 Pool Nonpaged Bytes 与 login 事务有超过 70%的关联匹配。而上述两个指标都与操作系统的内存有关。这也就意味着,在指定的时间间隔内,这些元素的行为与 login 事务的行为密切相关。同时,也说明造成 login 事务在应对 86 个虚拟用户时,出现响应时间急剧加长的原因,是运行被测目标系统的服务器可能存在内存不足的问题,这说明服务器的内存容量是当前场景的瓶颈点。

为了进一步改善系统性能,可以考虑为被测目标系统增加内存,使其支持更多的用户并发访问 JForum 论坛系统。

思 考 题

1. 常见的性能测试有哪几种?阐述它们之间的区别。
2. 如果被测的 Web 系统中有使用 Ajax 技术写的组件,该如何进行负载测试,使用什么协议?
3. 如何通过 SLA 判断负载测试是否达到了预期目标?
4. 如果测试过程中发现,随着虚拟用户数量的增加,点击率并没有相应地上升,试分析可能的原因。
5. 如何通过关联图分析定位系统的瓶颈点?

第 7 章　移动终端测试

7.1　移动终端测试的目标

7.1.1　传统 App 测试的问题

移动互联网持续向传统行业渗透。共享单车火拼已经上演，智慧停车潜力无限，分时租车蓬勃发展。社区电商、移动社区服务应用必将走进人们的生活。互联网家居家装已暗流涌动。商业银行大力推动金融服务互联网化，互联网思维渐变为具体的 App 产品。

然而，海量的 App 给用户带来便利的同时，也有大量的 App 质量存在问题，给用户造成了困扰。2016 年 TestBird 测试过的 App 已达 60806 款，其中共发现了 1864578 个问题，平均每个 App 的问题就有 30 个。传统的 PC 端测试工具和移动端的手工测试方法已经无法满足快速发展的移动 App 的需求，反映出如图 7-1 所示的一系列问题。

图 7-1　传统 App 测试的问题

归纳起来，上述问题是以下几方面原因造成的。

（1）测试设备碎片化严重。App 开发公司为了尽最大可能满足用户需求，只能对不同版本和分辨率进行适配。但由于移动终端的碎片化严重，自购手机一次性投入成本高，且手机更新换代快。大量的手机资源，难以管理，经常会出现手机找不到的情况。所以，很多中小型公司不太可能把所有的手机型号都购买来自己维护。

（2）测试管理和测试执行是分离并低效的。传统的测试往往是这样的场景：测试人员在电脑上打开测试管理系统，逐个手工书写和修改测试用例，然后通过 USB 连上手机，安装 App，再根据测试用例在手机上操作，这样，测试的管理和执行，实际上是分离的。用例执行的结果，即使测试人员在手机上什么都没有做，也能标为"成功"。这样的分离，耗费了大量人工。

(3) 测试过程易疏漏无法监管。人工测试容易因为测试人员的疏忽，导致 Bug 漏报，产品上线后问题才暴露，致使沟通成本和排错难度增加。如果测试人员记录的测试步骤和实际测试步骤有差异，研发将无法复现。测试过程没有记录，也无法监管复查，留下质量隐患。

(4) 测试现场不能很好地保护。测试过程中，手机状态信息，如内存、CPU 占用等无法得到记录，导致信息现场丢失，无法复现，埋下隐患。

7.1.2 App 自动化测试的难点

1. 自动化测试

自动化测试使得人为驱动的测试过程转化为机器执行的过程。通常，在设计了测试用例并通过评审之后，由测试人员根据测试用例中描述的规程，逐步执行测试，将得到实际结果与期望结果比较。在此过程中，为了节省人力、时间和硬件资源，提高测试效率，便引入了自动化测试概念。简单地说，就是把需要人工反复手动执行的测试用例，用机器自动执行，把人力从繁琐的重复劳动中解脱出来，避免了人工操作的失误和无记录，使得还原成为可能，大幅度提升测试质量和效率。

2. 自动化测试技术的门槛

但是常见的自动化测试有以下几个问题让很多公司望而却步：

(1) 测试技能。要实现自动化测试，必须掌握脚本语言，能开发自动化测试系统，所以需要招聘高级测试开发人员，目前能建立完善的自动化测试体系和能力的企业极少。

(2) 研发成本。通常情况下，一套自动化系统的建立需要投入至少 300 万，而要基于云手机平台搭建自动化测试体系，投入超过 2000 万～3000 万，需要攻克大量的技术难关，比如终端控制、图形化脚本、参数配置和对比等。而类似于金融、旅游等规模较大、功能较为复杂的 App，成本投入还会更多。

(3) 耗时长。TestBird 自动化测试能力的积累，从 2013 年就已经开始了，组织了 30 人的研发团队耗费两年多的时间，开发才趋于稳定。

7.2 TestBird 云手机自动化测试平台简介

7.2.1 平台概述

TestBird 利用自身在测试领域积累的经验和能力，将云手机技术与自动化测试技术相结合，在业内最先推出了自动化云测试平台，如图 7-2 所示。

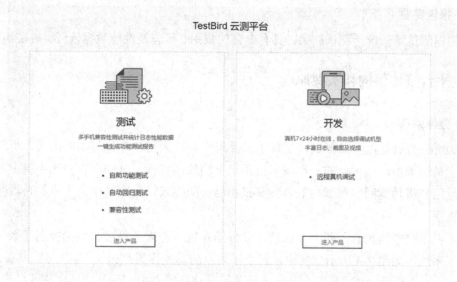

图 7-2　TestBird 云测试平台

　　TestBird 自动化云测试平台通过云手机操作，完成脚本的录制，没有脚本语言学习成本，明显降低技术门槛。目前主流测试工具多为单机运行模式，需要进行复杂的环境准备，而 TestBird 自动化云测试不需要企业另行开发，也不需要购买软硬件设备，更不需要做任何环境准备，降低了企业的开发和维护成本，使得企业以较低的成本就能体验到自动化测试带来的便利。让企业软硬件系统的测试从粗犷、分散的方式向高效、集中的方式转变，达到资源共享、弹性扩展、按需使用、快速响应、统一监控和统一维护。

　　因为有了自动回归测试，也让测试集成到 CI(持续集成)中，成为可能。

7.2.2　平台特点

1．自动化技术先进

　　领先的顶层设计，让自动化的构建及维护效率高；真正意义上的私有云平台，所有操作 100%基于 Web 浏览器；强大的管理功能，支持测试和开发的完整工作流；测试资产统一集中在云端存储，将过程数据存储记录下来，以支撑研发效率持续改进。

2．平台易用

　　无需了解自动化脚本语言，即可使用自动回归测试；脚本录制快速高效，只需按照文本描述操作手机，即可完成用例录制；可一键式生成测试报告，报告包含了所有用例的执行结果以及统计结果；报告可以分享，分享链接无需登陆平台即可查看。

3．流程可控

　　测试结果可见，所有用例的执行截图、日志、性能等数据可在线查询；测试进度可见，实时更新和统计测试进度。

4. 报告专业

可根据测试场景统计测试结果；具有丰富的截图、日志及性能数据，可实时在线查看。

7.2.3 平台整体架构和实现原理

1. 整体架构

TestBird 的自动化回归测试，是基于云手机平台，采用图形化脚本的形式，可以在一部手机上录制脚本，在另外的一部或多部手机上回放该脚本。其中，在多部手机上回放，可以满足用户将功能回归测试与兼容性测试相结合的要求，只有基于云手机的自动回归测试才能做到。

云手机平台架构包含了四大子系统，业务子系统、管理子系统、终端控制子系统、手机探针子系统，如图 7-3 所示。其中，每个子系统的功能作用是：

(1) 业务子系统：测试开发人员使用业务子系统功能完成测试及问题定位调试等工作；

(2) 管理子系统：设备管理(终端、服务器)、账户管理、业务子系统日志信息管理；

(3) 终端控制子系统：控制终端设备，与终端进行信息交互，下发指令以及收集终端上报的数据。

(4) 手机探针子系统：接收终端控制子系统的指令，控制终端执行具体的操作命令，单击、拖动屏幕、截屏等操作，同时给控制子系统返回终端信息。

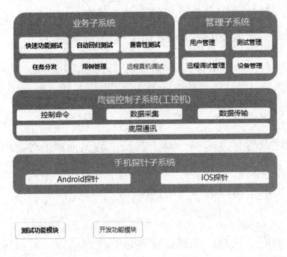

图 7-3　TestBird 的系统架构

2. 自动化技术

TestBird 采用领先的图片式自动化脚本，把测试文本用例，在手机上转化成操作步骤的截图，这些截图的集合，即为自动回归脚本用例。这项技术无需测试人员掌握任何一门自动化脚本语言,极大地降低了测试人员的技术门槛,使手工测试人员快速成为自动化测试人员。

App 自动化在当今移动互联网浪潮下开始逐渐流行,但其自动化技术存在很多难点,如图 7-4 所示。

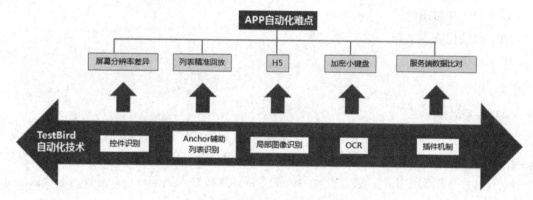

图 7-4　App 自动化测试的难点

(1) 控件识别:可以看到移动终端本身的碎片化,产生了各种各样的手机终端,为了实现一机录制多机回放功能,需要让每一次单击精准,控件识别是在脚本录制过程中,将手机页面 xml 文件全部载入,找到单击控件,在脚本回放时实现精准单击的技术。

(2) Anchor 辅助列表识别:针对属性相同,但是值不同的控件,需要对自动化脚本配置一个"辅助锚"让自动化单击准确,这就是 Anchor 技术。

(3) 局部图像识别:现今移动端越来越多的 H5 页面,不再让控件暴露,这就需要图像识别,在脚本编辑时记录图像,在脚本回放时找到单击位置。

(4) OCR 识别:如今大多金融行业 App 为了安全,对键盘进行加密,不会让第三方软件破解,这就需要 OCR 识别技术,它原来是用于电子设备(例如扫描仪或数码相机)检查纸上打印的字符,通过检测暗、亮的模式确定其形状,然后用字符识别方法将形状翻译成计算机文字的过程。现在用来识别 App 键盘上的字符并实现自动化精准单击。

(5) 插件机制:许多大企业,为了对 App 上更多的数据进行校验,在自动化过程中无法只依靠运行 App 来实现。这就需要从第三方获取数据,插件机制给第三方数据输入提供了方便,并且也可以提供第三方调用的入口。

7.2.4　平台功能

每个迭代从开发到测试,都需要对新老功能进行验证,才能对版本作出全面完整的质量评估。但是随着版本功能的叠加,老功能越来越多,老功能所对应的测试用例也越积越多。这些老功能对应的用例不可能在每个迭代版本上都进行手工执行,因此需要用自动化测试来解决。

开发人员将版本管理工具与 TestBird 自动回归平台对接起来，每个版本 build 出来后，通过自动触发的方式执行老功能对应的测试用例，如果测试通过，则保障每一个版本中新功能的引入，对老功能没有影响。如果测试不通过，则说明新功能引入了 Bug，导致老功能存在问题，开发人员可以在本次修改的代码中快速地找到 Bug。

TestBird 的自动化回归流程非常简单：

(1) 导入文本用例；

(2) 自动化脚本录制；

(3) 用例回归。

1. 用例管理

1) 场景描述

所有的测试用例，都是由用例标题、用例描述(预置条件、执行步骤)及预期结果构成，这叫做文本用例。TestBird 一站式云手机平台，提供了测试用例管理的功能，用户可以将线下 excel 保存的文本用例，通过批量导入的方式，直接导入到平台中。另外，平台也提供在线的用例创建、编辑及删除功能。

2) 实现过程

用户登录云手机平台自动回归测试，进入测试用例管理页面，如图 7-5 所示，选择导入的用例 excel 表格，执行导入操作即可。

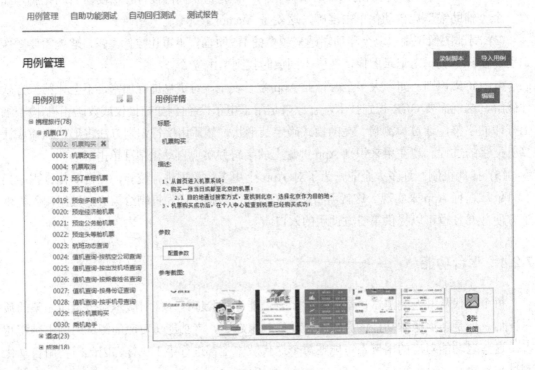

图 7-5　测试用例管理

2. 脚本录制

1) 场景描述

在自动回归老功能之前，需要把老功能的文本用例，转化成自动化脚本用例，这个转化的过程即为脚本录制，每一个用例在自动回归前，都需要录制脚本。脚本录制完成后，就可以进行多次回放。

2) 实现过程

用户选择需要录制的文本用例，用一部录制终端，根据文本用例的描述进行操作，系统在用户操作过程中，自动纪录所有的操作步骤，生成操作截图。按照用例步骤，操作完成后，单击保存即可完成一个用例的录制，如图 7-6 所示。

图 7-6　保存录制的测试用例

3. 自动回归

1) 场景描述

(1) 开发完成一个版本创建成功后，通过版本管理工具与平台对接，自动触发已有脚本用例的老功能自动回归测试。

(2) 当一个版本转测试后，测试人员选择需要验证的老功能用例进行自动回归。

2) 实现过程

用户登录平台，选择需要回归测试的应用版本，再选择测试需要回归的测试用例，创建一个自动回归测试任务即可。

系统根据用户选择的用例，自动分配手机，按照脚本的步骤执行测试用例，测试进度实时可见。每个用例执行完成后，即可查看该用例的执行结果，如图 7-7 所示。

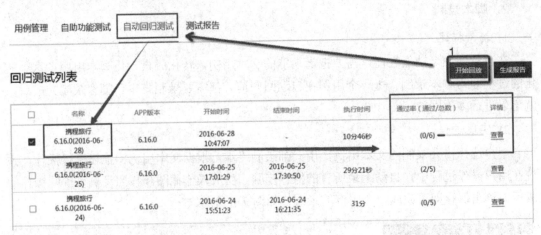

图 7-7 实现自动回归测试

4. 自助功能测试

1) 场景描述

自助功能测试模块,是基于平台化管理的手工测试模块,为了简化测试人员的环境准备工作,节省企业的购机维护成本。将手机集中管理,共享给研发人员,这样的方式特别适合测试研发人员较多或者多地办公的企业。不仅可以节省购机维护成本,且省去了手工测试工作中准备复杂环境和大量手机测试数据的环节,平台详尽的数据记录更能减少开发测试间的沟通成本。

2) 实现过程

基于"1.用例管理",选择用例,再选择手机,实际操作与"2.脚本录制"中的脚本录制的实现过程相同,如图 7-8 所示。

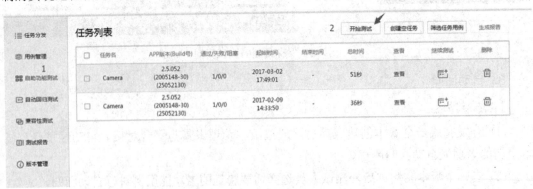

图 7-8 自助功能测试

图片标注释义:

- 单击"自助功能测试"按钮,进入自助功能测试页面;
- 单击"开始测试"按钮,选择相应 App 版本和用例执行测试。

注:在执行自助功能测试时,可以选择已有用例执行,也可以不选择用例直接测试。

5. 兼容性测试和性能测试

1) 场景描述

兼容性测试是移动 App 测试的难点，App 运行于碎片化非常严重的终端环境(多机型、多操作系统、多分辨率)下，产生了诸多兼容性问题。如果要靠人工测试，工作量将非常巨大，自动化测试平台可以自动完成兼容性测试。

2) 实现过程

自动化的脚本可继承使用"2.脚本录制"中录制的脚本，在兼容性测试模块下选择多手机，自动执行测试，等待测试完成。即可得到一份非常专业的测试报告，包括兼容性问题和终端性能问题。

兼容性测试是自动化测试的一种，脚本延用自动回归测试脚本，如图 7-9 所示。

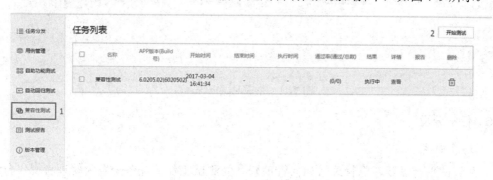

图 7-9 兼容性测试

单击"兼容性测试"，然后单击开始测试，如图 7-10 所示。

图 7-10 选择被测试的手机

执行方式释义：

(1) 并发执行：多个手机同时执行。

(2) 顺序执行：多个手机顺序执行，适用于执行用例时帐号只能在唯一一个手机上登录使用。

自动生成报告，如图 7-11 所示。

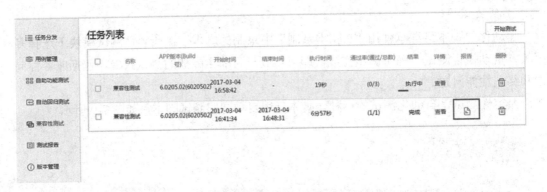

图 7-11　生成测试报告

6．任务分发

1) 场景描述

一个测试平台需要考虑管理者如何管理繁杂的测试工作，任务分发为管理者提供分配工作并监控工作进度的功能。

2) 实现过程

在任务名称列表下，切换"脚本录制"和"自助功能测试任务"，可将这两种任务分配给测试人员。单击"分配任务"，进入人员筛选对话框，如图 7-12 所示。

图 7-12　测试任务分发

输入要分配的人员邮箱，单击"分配"，即完成任务分配，被分配的人员将收到该任务。

7.3 自动化测试平台应用

7.3.1 应用模式

1. 公有云模式

所有的硬件资源都在 TestBird 中进行管理和维护，用户只需要注册一个账号，即可体验兼容性和远程真机调试等服务。

2. 私有云模式

所有的硬件资源都在测试机房，私有云带来的好处是：为企业节约自动化测试建设成本、公司内部手机资源可共享、安全性有保障并且提升了组织级测试能力。

7.3.2 运行环境

(1) 使用：推荐网络带宽 500 KB/s，浏览器使用 chrome；
(2) 部署：普通服务器和工控机即可部署。私有云测试平台如图 7-13 所示。

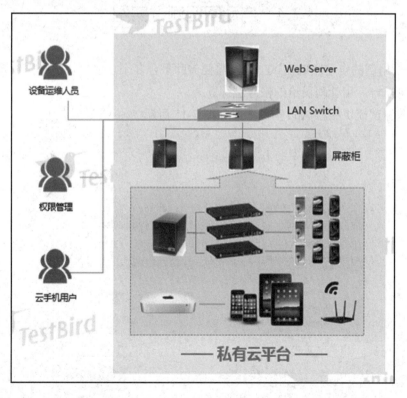

图 7-13 私有云测试平台

7.3.3 硬件组网

TestBird 云手机硬件组网图如图 7-14 所示。

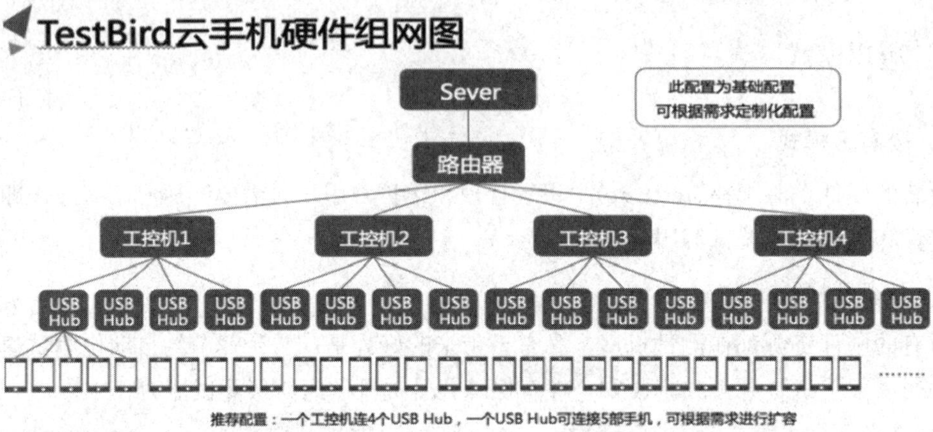

图 7-14 TestBird 云手机硬件组网图

7.4 自动回归测试实例

完成一个用例的自动回归测试工作，需要借助平台多个功能模块。操作步骤如下：
(1) 登录平台：用管理员给的帐号进行登录。
(2) 进入测试模块相应 App 产品下，如图 7-15 所示。

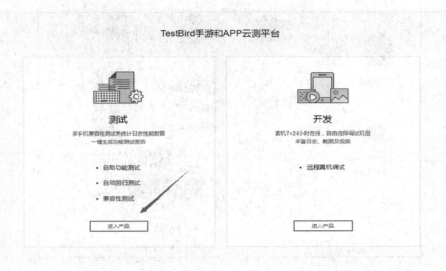

图 7-15 开始自动回归测试

(3) 上传要进行测试的 App 安装包：作为产品/项目管理入口，单击进入，如图 7-16 所示。

图 7-16　创建新的测试用例

(4) 导入用例/新建用例：在用例管理中生成一个用例文本，如图 7-17 所示。

图 7-17　生成测试用例文本

(5) 录制脚本：如图 7-18 所示，单击"新增用例"按钮，在图 7-19 中录入相关信息，单击"录制脚本"，进行录制脚本、保存脚本及调试脚本，脚本用于自动化测试，如图 7-19 所示。

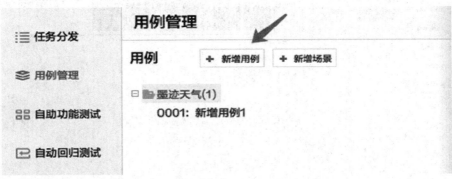

图 7-18　新增测试用例

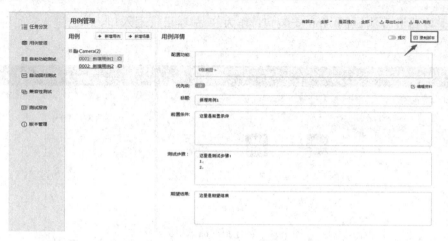

图 7-19　开始录制脚本

(6) 任务创建后,开始本次录制:系统会自动安装选择的 App 版本,App 安装完成后,系统会自动启动该应用并开始录制,如图 7-20 及图 7-21 所示。

图 7-20　管理测试用例

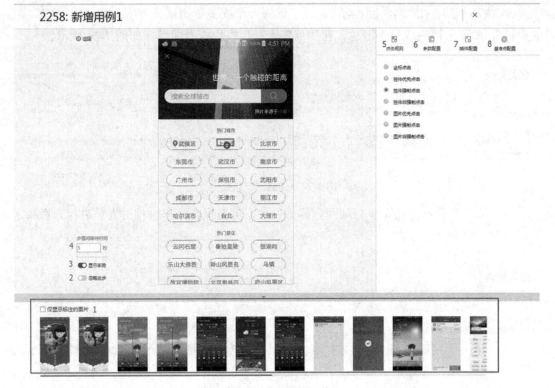

图 7-21　编辑测试用例

(7) 自动回归测试：在"自动回归测试"模块下，选择在图 7-19 中录制的脚本用例，选择测试手机，并为测试任务命名，即可开始测试，如图 7-22 所示，测试开始后在任务列表会生成一项测试任务。

图 7-22　开始自动回归测试

(8) 测试完成：在"自动回归测试"下，可监控自动化测试任务完成进度，完成后会自动显示。可单击查看详情，如图 7-23 所示。

图 7-23　查看自动回归测试进度

(9) 生成报告：在"自动回归测试"下，选择一个或多个测试任务(测试用例)，单击"生成报告"，即可一键完成报告汇总，在"报告管理"模块查看即可，如图 7-24 所示。

图 7-24　生成测试报告

(10) 完成操作：至此完成自动回归测试任务，可将报告分享给相关人员进行查看和定位，如图 7-25 所示。

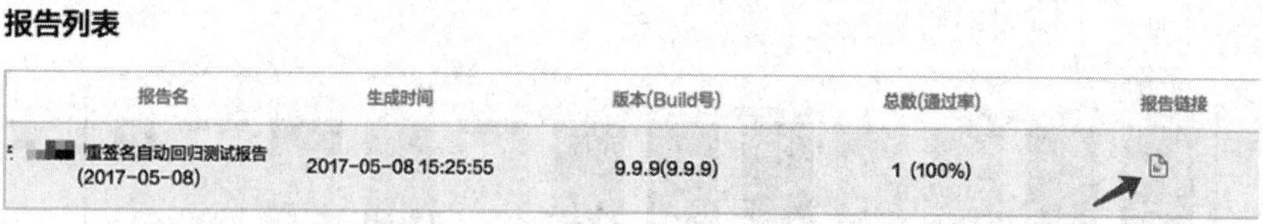

图 7-25　完成测试分享测试报告

思 考 题

1. 移动 App 自动化测试面临哪些难点？
2. 回顾 TestBird 自动化测试平台的系统架构及特点。
3. 请描述使用 TestBird 进行 App 自动化测试的测试流程。
4. 思考为什么移动 App 需要进行兼容性测试？

参 考 文 献

[1] Chen J, Wang C, Liu F, et al. Research and Implementation of a Software Online Testing Platform Model Based on Cloud Computing[C]. The Fifth International Conference on Advanced Cloud and Big Data (CBD), 2017[13-16 Ang].

[2] T T, Prasanna M. Research and Development on Software Testing Techniques and Tools. In M. Khosrow-Pour, D.B.A. (Ed.)[EB/OL]. Encyclopedia of Information Science and Technology, Fourth Edition Hershey, PA: IGI Global, 2018: 7503-7513. doi: 10.4018/978-1-5225-3.ch653.

[3] Inçki K, Ari I, Sözer H. A Survey of Software Testing in the Cloud[C]. The IEEE Sixth International Conference on Software Security and Reliability Companion, 2012[20-22 June].

[4] Orso A, Rothermel G. Software testing: a research travelogue[C]. Huderabod, India: The Proceedings of the on Future of Software Engineering, 2014.

[5] Hollis Chuang. 大型网站系统架构的演化[EB/OL]. 2015. http://www.hollischuang.com/archives/728.

[6] Ramakrishnan, R., Shrawan, V., Singh, P. Setting Realistic Think Times in Performance Testing: A Practitioner's Approach[C]. Jaipur, India: The Proceedings of the 10th Innovations in Software Engineering Conference, 2017.

[7] Hewlett-Packard Development Company. An Introduction to HP LoadRunner software [EB/OL] 2011. https://ssl.www8.hp.com/sg/en/pdf/LR_technical_WP_tcm_196_1006601.pdf.

[8] Hewlett-Packard Development Company. HP LoadRunner 12.00 Windows 版教程[EB/OL]. 2014. https://softwaresupport.softwaregrp.com/web/softwaresupport/document/-/facetsearch/attachment/ KM01009843?fileName=hp_man_LR_12.00_Tutorial_zh_pdf.pdf.

[9] Patil A H, Sidnal N S. CodeCover: enhancement of CodeCover[EB/OL]. SIGSOFT Softw. Eng. Notes, 2014[39(1)]: 1-4. doi:10.1145/2557833.2557850.

[10] Patil A H, Satish P, Goveas N, et al. Integrated test environment for combinatorial testing[C]. The 2015 IEEE International Advance Computing Conference (IACC), 2015[12-13 June].

[11] Patil A H, Sindnal N S. Codecover: A Code Coverage Tool for Jawa Projects[C]. The 2013 International Conference on Emerging Research in Computing, Information, Communication and Applications (ERCICA), 2013[ID: 529].

[12] Riehle D. JUnit 3.8 documented using collaborations[EB/OL]. SIGSOFT Softw. Eng. Notes, 33(2), 1-28. doi:10.1145/1350802.1350812.

[13] 苑永凯. 单元测试利器 JUnit 4[EB/OL]. 2007. https://www.ibm.com/developerworks/

cn/java/j-lo-junit4/.

[14] Sirotkin A. Web application testing with selenium[EB/OL]. Linux Journal, 2010[192]: 62-67.

http://www.montanalinux.org/file/mags/Linux_Journal/192-Linux-Journal-Apr-2010.pdf.

[15] Bruns A, Kornstadt A, Wichmann D. Web Application Tests with Selenium[J]. IEEE Software, 2009.

[16] Castro A M F V d, Macedo G A, Collins E F, et al. Extension of selenium RC tool to perform automated testing with databases in web applications[C]. San Francisco, California: The Proceedings of the 8th International Workshop on Automation of Software Test, 2013.

[17] Sebastiano Armeli-Battana. Get started with Selenium 2: End-to-end functional testing of your web applications in multiple browsers[EB/OL]. 2012. https://www.ibm.com/developerworks/library/wa-selenium2/index.html.

[18] Testbird Company. 大话移动 APP 测试之道[EB/OL]. 2016. https://www.testbird.com/support-white-book/.